电子产品生产工艺

主编 李宗宝

航空工业出版社

北 京

内 容 提 要

本书紧紧围绕高素质技术技能人才培养目标，对接专业教学标准和"1+X"证书职业能力评价标准来选择项目案例。编者结合生产实际中需要解决的一些工艺技术应用与创新的基础性问题，以项目为纽带、任务为载体、工作过程为导向，科学组织本书内容，对其进行模块化处理，注重课程之间的相互融通及理论与实践的有机衔接，开发了工作页式的工单，完善了多元多维、全时全程的评价体系，并基于互联网，融合现代信息技术，编写了本活页式教材，同时配套开发了丰富的数字化资源。本书可作为高职高专院校、技术应用型本科院校电子信息类相关专业的教学用书，也可作为企业技术人员的参考资料。

图书在版编目（CIP）数据

电子产品生产工艺 / 李宗宝主编 . — 北京：航空
工业出版社，2024.3
ISBN 978-7-5165-3698-8

Ⅰ.①电… Ⅱ.①李… Ⅲ.①电子产品－生产工艺
Ⅳ.① TN05

中国国家版本馆 CIP 数据核字（2024）第 056526 号

电子产品生产工艺
Dianzi Chanpin Shengchan Gongyi

航空工业出版社出版发行
（北京市朝阳区京顺路 5 号曙光大厦 C 座四层 100028）
发行部电话：010-85672666 010-85672683

北京荣玉印刷有限公司印刷　　　　　　全国各地新华书店经售
2024 年 3 月第 1 版　　　　　　　　　2024 年 3 月第 1 次印刷
开本：787 毫米 ×1092 毫米 1/16　　　字数：458 千字
印张：20.5　　　　　　　　　　　　　定价：65.00 元

编委会名单

主编

李宗宝

副主编

王丽艳　王媛

参编

韩松楠

"电子产品生产工艺"课程是电子信息类专业的一门专业核心课程。为建设好本课程，编者认真研究专业教学标准和电子设备装接"1+X"证书职业能力评价标准，开展广泛调研，联合企业撰写了毕业生所从事岗位（群）的《岗位（群）职业能力及素养要求分析报告》，并依据《岗位（群）职业能力及素养要求分析报告》，制定了《专业人才培养质量标准》，按照《专业人才培养质量标准》中的素养、知识和能力要求要点，设置了学习目标。在落实课程思政要求方面，本书贯彻《高等学校课程思政建设指导纲要》和党的二十大精神，将专业知识与思政教育有机结合，推动价值引领、知识传授和能力培养紧密结合。在课程开发方面，编者组建了校企合作的结构化课程开发团队，以生产企业实际项目案例为载体，以任务驱动和工作过程为导向，对课程内容进行模块化处理，以"项目＋任务"的方式，开发工作页式的任务工单，注重课程之间的相互融通及理论与实践的有机衔接，完善了多元多维、全时全程的评价体系，并基于互联网，融合现代信息技术，编写了本活页式教材，同时配套开发了丰富的数字化资源，有需要者可致电13810412048或发邮件至2393867076@qq.com。

本书以工作页式的工单为载体，强化学生自主学习、小组合作探究式学习，在课程革命、学生地位革命、教师角色革命、课堂革命和评价革命等方面进行全面改革，重点突出技术应用，强化学生创新能力的培养。

本书共分为电子产品制造工艺认识、通孔插装元器件手工装配焊接工艺、通孔插装元器件自动焊接工艺、印制电路板制作工艺、表面贴装元器件电子产品贴装工艺、电子产品整机成套组装工艺6大模块。李宗宝编写了本书的绝大部分内容，王丽艳和王媛联合编写了通孔插装常用电子元器件识别与检测的知识准备内容，李宗宝和企业人员韩松楠联合编写了电子产品工艺文件成套与质量管理的知识准备内容。李宗宝对全书进行了统稿，并制作了配套的视频资源和拓展资源，以及整理和编写了二维码资源。

因本书涉及内容广泛，编者水平有限，出现的错误和不妥之处，请读者批评指正。

编　者

2023 年 11 月

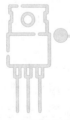

目录

电子产品制造工艺认识

任务1.1 电子产品制造工艺技术发展认知

 任务描述

现代生活中电子产品无处不在，家用电子产品也很多。常用的家用电子产品有电视机、冰箱、洗衣机、热水器、空调、电饭煲、电磁炉、扫地机等。这些家用电子产品是怎么制造出来的？制造的流程和工艺有哪些？下面通过学习电子产品制造工艺的基本知识完成认知电子产品制造工艺技术发展阶段的任务。

 学习目标

知识目标

（1）掌握电子产品制造工艺的概念和相关的工艺技术。

（2）了解电子产品制造工艺技术的发展概况和发展方向。

能力目标

（1）能够叙述电子产品制造工艺的发展阶段。

（2）能够说出电子产品制造工艺技术的发展方向。

素养目标

（1）提高分析问题、查询资料和解决问题的能力。

（2）提升团队协作的能力。

 重点与难点

重点：电子产品制造工艺的发展阶段。

难点：电子产品制造工艺的发展阶段。

 知识准备

电子产品制造工艺技术的发展如下。

1.电子产品制造工艺概述

工艺（technology/craft）是指生产者利用各类生产设备和生产工具，对各种原材料、半成品进行加工或处理，使之最终成为符合技术要求的产品的艺术。它是人们在生产产品过程中不断积累的并经过实践总结的操作经验和技术能力。工艺包括生产中采用的技术、方法和流程。

对于现代化的工业产品来说，工艺不仅仅是针对原材料的加工或生产的操作，而且是从设计到销售的全过程，包括产品制造的每一个环节。

对于工业企业及其所制造的产品来说，工艺工作是为了提高劳动生产率、生产优质产品及增加生产利润，是企业组织生产和指导生产的一种重要手段。它建立在对时间、速度、能源、方法、流程、生产手段、工作环境、组织机构、劳动管理和质量控制等诸多因素的科学研究之上，指导企业从原材料采购开始，覆盖加工、制造、检验等每一个环节，直到成品包装、入库、运输和销售，为企业组织有节奏的均衡生产提供科学的依据。

电子产品制造工艺是针对电子产品生产而言的，电子产品生产过程涵盖从原材料进厂到成品出厂的每一个环节。这些环节主要包括原材料和元器件检验、单元电路或配件制造、单元电路和配件组装成电子产品整机系统等过程，每个过程的工艺各不相同。

制造一个电子产品整机会涉及很多方面的技术，且企业生产规模、设备、技术力量和生产产品的种类不同，工艺技术类型也会有所不同。与电子产品制造有关的工艺技术主要包括以下几种。

1）机械加工和成形工艺

电子产品的结构件是通过机械加工而成的，机械加工工艺包括车、钳、刨、铣、锥、磨、铸、锻、冲等。机械加工和成形工艺的主要功能是改变材料的几何形状，使之满足产品的装配连接要求。机械加工后，一般还要进行表面处理，以提高表面装饰性，使产品具有新颖感，同时起到防腐抗蚀的作用。表面处理包括刷丝、抛光、印刷、油漆、电镀、氧化、铭牌制作等工艺。如果结构件为塑料件，一般采用塑料成形工艺，主要可分为压塑工艺、注塑工艺及部分吹塑工艺等。

2）装配工艺

电子产品生产制造中装配的目的是实现电气连接，装配工艺包括元器件引脚成形、插装、焊接、连接、清洗、调试等工艺。其中焊接工艺又可分为手工烙铁焊接工艺、浸焊工艺、波峰焊工艺和再流焊工艺等；连接工艺又可分为导线连接工艺、胶合工艺和紧固件连接工艺等。

3）化学工艺

为了提高产品的防腐抗蚀能力，使外形装饰更美观，一般要进行化学处理。化学工艺包括电镀、浸渍、灌注、三防、油漆、胶木化、助焊剂和防氧化等工艺。

4）其他工艺

其他工艺包括保证质量的检验工艺、老化筛选工艺和热处理工艺等。

2.电子产品制造工艺技术的发展概况

自从发明无线电的那天起，电子产品制造工艺技术就相伴而生了。但在电子管时代，人们仅用手工烙铁焊接电子产品，电子管收音机是当时的主要产品。20 世纪 40 年代，随着晶体管的诞生、高分子聚合物的出现，以及印制电路板研制的成功，人们开始尝试将晶体管及通孔元件直接焊接在印制电路板上，电子产品结构由此变得紧凑，体积开始缩小。20 世纪 50 年代，英国人研制出世界上第一台波峰焊接机。人们将晶体管等通孔元器件插装在印制电路板上后，采用波峰焊接技术实现通孔组件的装联。半导体收音机、黑白电视机迅速在世界各地普及流行。波峰焊接技术的出现开辟了电子产品大规模工业化生产的新纪元，它对世界电子工业生产技术发展的贡献是无法估量的。

20 世纪 60 年代，在电子表行业及军用通信中，为了实现电子表和军用通信产品的微型化，人们研发出无引线电子元器件，即贴片件。它被直接焊接到印制电路板的表面，从而达到了电子表微型化的目的，是表面安装技术（surface mounting technology, SMT）的雏形。

美国是世界上贴片件和表面贴装技术起源最早的国家，并一直重视在投资类电子产品和军事装备领域发挥 SMT 在高组装密度和高可靠性能方面的优势，其 SMT 具有很高的水平。

日本在 20 世纪 70 年代从美国引进 SMT，应用于消费类电子产品领域，并投入巨资大力加强基础材料、基础技术和推广应用方面的开发研究工作。从 20 世纪 80 年代中后期起，日本加速了 SMT 在电子产业设备领域中的推广应用，仅用了 4 年时间就使 SMT 在计算机和通信设备中的应用数量增长了近 30%，在传真机中增长 40%，并且很快超过美国，在 SMT 方面处于世界领先地位。

欧洲各国 SMT 的起步较晚，但他们重视发展并有较好的工业基础，其 SMT 发展速度也很快，SMT 的发展水平和整机中贴片件的使用率仅次于日本和美国。20 世纪 80 年代以来，新加坡、韩国不惜投入巨资，纷纷引进先进技术，使其 SMT 获得较快的发展。

我国 SMT 的应用起步于 20 世纪 80 年代初期，最初从美国、日本成套引进 SMT 生产线，用于彩电调谐器生产，之后应用于录像机、摄像机、袖珍式高档多波段收音机、随身听等生产中。后来 SMT 在计算机、通信设备、汽车电子、医疗设备和航空航天电子等产品中也得到广泛应用。随着改革开放的深入及中国加入 WTO，美国、日本和新加坡的一些厂商将 SMT 加工厂搬到了中国。SMT 的设备制造商与中国合作，还把一些 SMT 设备制造企业也搬到了中国。例如，英国 DEK 公司和日本日立公司分别在东莞和南京生产印刷机，美国 HELLER 公司和 BTU 公司在上海生产回流焊炉，日本松下公司和美国环球公司分别在苏州和深圳蛇口生产贴片机等。如今我国已经成为世界最大的电子加工工厂，SMT 的发展前景非常广阔。我国的 SMT 设备已经与国际接轨，但设计、制造、工艺、管理技术等方面与国际还有差距。我们应该加强基础理论学习，深入开展工艺研究，提高工艺水平和管理能力，努力使我国真正成为电子制造大国、电子制造强国。

3. 电子产品制造工艺技术的发展阶段

电子产品的装联工艺是建立在器件封装形式变化的基础上的，即一种新型器件的出现，必然会创新出一种新的装联技术和工艺，从而促进装联工艺技术的进步。

随着电子元器件小型化、高集成度的发展，电子组装技术也经历了手工、半自动插装浸焊、全自动插装波峰焊和 SMT 四个阶段，实际应用中 SMT 正向窄间距和超窄间距的微组装方向发展，如表 1-1 所示。

表1-1　电子产品制造工艺技术的发展阶段

阶段	元件	IC器件	器件的封装形式	典型产品	产品特点	组装技术
第一代（20 世纪 50 年代）	长引线、大型高电压	电子管	电子管座	电子管收音机、仪器	笨重厚大、速度慢、功能少、功耗大、不稳定	扎线、配线分立元件、分立走线、金属底板、手工烙铁焊接
第二代（20 世纪 60 年代）	轴向引线小型化元件	晶体管	有引线、金属壳封装	通用仪器、黑白电视机	重量较轻、功耗降低、多功能	分立元件、单面印刷板、平面布线、半自动插装、浸焊
第三代（20 世纪 70 年代）	单、双列直插集成电路和径间引线元件或可编带的轴向引线元件	集成电路	双列直插式金属、陶瓷、塑料封装，后期开始出现 SMD	便携式薄型仪器、彩色电视机	便携式、薄型、低功耗	双面印刷板、初级多层板、自动插装、浸焊、波峰焊
第四代（20 世纪 80,90 年代）	表面安装、异性结构	大规模、超大规模集成电路	SMD：表面贴装器件，向微型化发展，有了 BGA、CSP、Fli Chip、MCM	小型高密度仪器、录像机	袖珍式、轻便、多功能、微功耗、稳定、可靠	SMT：自动贴装、回流焊、波峰焊，向窄间距、超窄间距 SMT 发展
第五代（21 世纪）	复合表面装配，三维结构	无源与有源的集成混合元件，三维立体组件	晶圆级封装（WLP）和系统级封装（SIP）	超小型高密度仪器、手机	超小型、超薄型、智能化、高可靠	微组装：SMT与 IC、HIC 结合，多晶圆键合

从表 1-1 可以看出，电子产品制造工艺技术的发展阶段为电子管时代—晶体管时代—集成电路时代—表面安装时代—微组装时代。期间经历的三次革命为：通孔插装—表面安装—微组装。

4.电子产品制造工艺技术的发展方向

按照电子产品制造工艺技术的发展可大体分为电子通孔插装技术（THT）、表面安装技术（SMT）和微电子组装技术，如表 1-2 所示。

表1-2　电子产品制造工艺技术

电子产品制造工艺技术	电子通孔插装技术（THT）	
	表面安装技术（SMT）	
	微电子组装技术	厚/薄膜集成电路（HIC）技术
		多芯片组件（MCM）技术
		芯片直接贴装（DCA）技术

微电子组装技术（microelectronics packaging technology 或 microelectronics assembling technology，MPT 或 MAT）是目前迅速发展的新一代电子产品制造技术，包括多种新的组装技术及工艺。

表面安装技术大大缩小了印制电路板的面积，提高了电路的可靠性，但集成电路功能的增加，必然使它的 I/O 引脚增加。如果 I/O 引脚的间距不变，I/O 引脚数量增加 1 倍，则球栅阵列封装（BGA）的封装面积也会增加 1 倍，而四面扁平封装（QFP）的封装面积将增加 3 倍。为了获取更小的封装面积、更高的电路板利用率，组装技术已向元器件级和芯片级深入。MPT 是芯片级的组装，把裸片组装到高性能电路基片上，使其成为具有独立功能的电气模块甚至完整的电子产品。

拓展知识
电子产品生产的标准化

微电子组装技术主要有 3 个研究方向：其一是基片技术，即研究微电子线路的承载和连接方式，它直接影响了厚 / 薄膜集成电路的发展，导致大圆片规模集成电路的提出，并为芯片直接贴装（DCA）技术和多芯片组件（MCM）技术打下基础；其二是芯片直接贴装技术，包括多种把芯片直接贴装到基片上后再进行连接的方法，如板载芯片（COB）技术、带自动键合（TAB）技术和倒装芯片（FC）技术等；其三是多芯片组件技术，包括二维组装和三维组装等多种组件方式。这三个研究方向是共同促进、相辅相成的。

素养养成

（1）在进行电子产品制造工艺技术的发展阶段的学习时，对老师提出的问题能够上网查询资料，提高分析问题和解决问题的能力。

（2）在进行问题查询时要有团队协作精神，以小组为单位进行汇报，培养团队协作的能力。

 任务实现

1.任务分组

任务工作单

组号：＿＿＿＿＿＿＿ 姓名：＿＿＿＿＿＿＿ 学号：＿＿＿＿＿＿＿ 检索号：＿＿1111-1

班级			组号		指导教师	
组长			学号			
组员	序号		姓名		学号	
	1					
	2					
	3					
	4					
	5					
任务分工						

2.自主探学

任务工作单1

组号：＿＿＿＿＿＿＿ 姓名：＿＿＿＿＿＿＿ 学号：＿＿＿＿＿＿＿ 检索号：＿＿1112-1

引导问题：

（1）你对电子产品制造工艺这个概念的理解是什么？

＿＿＿＿＿＿＿＿＿＿＿＿＿＿＿＿＿＿＿＿＿＿＿＿＿＿＿＿＿＿＿

（2）与电子产品制造有关的工艺技术主要包括哪几种？

＿＿＿＿＿＿＿＿＿＿＿＿＿＿＿＿＿＿＿＿＿＿＿＿＿＿＿＿＿＿＿

（3）电子产品制造工艺技术的发展目前应用最广的是什么技术？

＿＿＿＿＿＿＿＿＿＿＿＿＿＿＿＿＿＿＿＿＿＿＿＿＿＿＿＿＿＿＿

组号：_____ 姓名：_____ 学号：_____ 检索号：__1112-2__

引导问题：

（1）电子组装技术经历了哪四个阶段？

_____

_____

（2）电子产品制造工艺技术的发展分为哪几个阶段？

_____

_____

（3）按照电子产品制造工艺技术的发展可大体分为哪三种技术？

_____

_____

（4）编制电子产品制造工艺技术的发展各阶段要素方案。

序号	阶段要素	阶段要领

3.合作研学

任务工作单

组号：_____ 姓名：_____ 学号：_____ 检索号：____1113-1____

引导问题：

（1）小组交流讨论，教师参与，形成正确的电子产品制造工艺技术的发展各阶段要素方案。

序号	阶段要素	阶段要领

（2）记录自己存在的不足。

_____

4.展示赏学

任务工作单

组号：_____ 姓名：_____ 学号：_____ 检索号：____1114-1____

引导问题：

（1）每小组推荐一位小组长，汇报电子产品制造工艺技术的发展各阶段要素方案，借鉴每组经验，进一步优化方案。

序号	阶段要素	阶段要领

（2）记录自己存在的不足。

_____

5.任务实施

任务工作单

组号：_____ 姓名：_____ 学号：_____ 检索号：____1115-1____

案例详解
电子产品制造工艺技术的发展阶段

引导问题：

（1）按照电子产品制造工艺技术的发展各阶段要素，对电子产品制造工艺技术的发展各阶段要素编制方案，并记录编制过程。

阶段要素	阶段要领	备注

（2）对比分析电子产品制造工艺技术的发展各阶段要素编制方案，并记录分析过程。

阶段要领	实际阶段要素	是否有问题	原因分析

6.任务评价

（1）个人自评。

（2）小组内互评。

（3）小组间互评。

（4）教师评价。

评价反馈
任务 1.1 评价表

任务描述 //

电子产品是怎样生产出来的？制造的基本工艺流程都有哪些？生产过程中需要哪些防护措施？通过上网查找资料，完成搜集可靠性试验方法的任务。

 学习目标 //

知识目标

（1）掌握电子产品制造的基本工艺流程。

（2）掌握电子产品制造的主要生产防护方式。

（3）了解电子产品制造的可靠性试验方法。

能力目标

（1）能够说出电子产品制造的基本工艺流程。

（2）能够识别静电防护标识。

素养目标

（1）能够独立查找资料，提高分析问题、解决问题的能力。

（2）增强中国从制造大国到制造强国的民族自豪感和使命感。

 重点与难点 //

重点：电子产品制造的基本工艺流程。

难点：电子产品的静电防护措施。

 知识准备 //

1.电子产品制造的基本工艺流程

1）电子产品的分级

按 IPC-J-STD-001 中"电子电气组装件焊接要求"标准的规定，电子产品可分为三级。

一级为通用电子产品，指组装完整，满足主要使用功能要求的电子产品。二级为专用服务类电子产品，指具有持续的性能和持久的寿命，需要不间断的服务的电子产品。

三级为高性能电子产品，指具有持续的高性能或能严格按指令运行的电子设备和电子产品，其使用环境非常苛刻，不允许停歇，必须一直有效，如生命救治设备和其他关键的电子设备。

2）电子产品制造的分级

在电子产品制造过程中，根据装配单位的大小、复杂程度和特点的不同，可将电子产品制造分成不同的等级。

（1）元件级。元件级是指通用电路元器件、分立元器件、集成电路等的装配，是装配级别中的最低级别。

（2）插件级。插件级是指组装和互连装有元器件的印制电路板或插件板等。

视频链接
电子产品装配基础

（3）系统级。系统级是将插件级组装件，通过连接器、电线电缆等组装成具有一定功能的完整的电子产品整机系统。系统级又可根据电子产品的设备规模分为插板级和箱柜级。

3）电子产品制造装联工艺

随着电子技术的不断发展和新型元器件的不断出现，电子产品制造的装联技术也在不断变化和发展。电子产品制造的装联工艺如表1-3所示。

表1-3　电子产品制造装联工艺

序号	装联阶段	主要工艺
1	装联前准备阶段	元器件、电路板的可焊性测试
2		元器件引线的预处理（引线的搪锡、成型）
3		导线的端头处理
4		电路板的复验和预处理
5	电路板组装阶段	组装形式：通孔插装、表面安装、混合安装
6		电气互联：手工焊接、波峰焊接、回流焊接、压接、绕接、胶接
7		清洗：手工清洗、超声波清洗、水清洗、半水清洗、清洁度检测
8		防护与加固
9		电路的修复与改装
10	整机装配阶段	机械安装：螺纹连接与止动
11		电气互联：焊接、压接、绕接、胶接
12		电缆组装件制作
13		防护与加固

4）电子产品制造的工艺流程

一般电子产品的生产业务流程是从采购元件到给客户提供产品的整个过程。电子产品的装配过程是先将零件、元器件组装成部件，再将部件组装成整机。对电子产品的加工制造过程一般经过电路板的装配测试和整机的装配测试。其中电路板的装配测试包括贴片生产、插装生产和测试等过程；整机的装配测试包括整机组装、整机老化、整机复测和产品包装等过程。电子产品的生产工艺流程如图 1-1 所示。

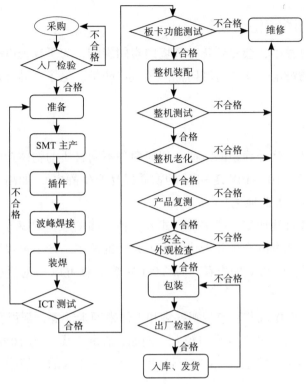

图1-1 电子产品生产的工艺流程

（1）采购：采购物料。

（2）入厂检验：抽检入厂产品，保证入厂产品的质量。

（3）准备：使元件插装方便、排列整齐，提高产品质量及后道工序工作效率。

（4）SMT生产：贴片生产，检查SMT贴片质量并进行修补。

（5）插件：将元件按具体工艺要求插装到规定位置。

（6）波峰焊接：对插装件进行波峰焊接。

（7）装焊：波峰焊接后剪脚，检查修复波峰焊接不良焊点及对无法进行波峰焊焊接的元件进行手工补焊。

（8）ICT测试：针床测试，产品的各引脚电压、焊接状况的测试。

（9）板卡功能测试：对电路板的各项功能进行模拟测试。

（10）整机装配：进行整机装配。

（11）整机测试：对整机的各项功能进行检测。

（12）整机老化：高温老化测试，保证机器在恶劣环境下的工作质量。

（13）产品复测：老化后再次对产品进行功能操作的检测。

（14）安全、外观检查：对机器安全方面的各项指标进行检测。

（15）包装：对产品的附件进行检查并包装。

（16）出厂检验：对包装完成的整机进行抽检，以判断批量生产是否合格。

（17）入库、发货：检查确认产品合格后发货。

2.电子产品制造的生产防护

电子产品制造过程中，会受到各种环境因素的影响，为了保证电子产品的质量，在生产过程中要进行防静电、防电磁和防潮湿等生产防护。电子产品制造的主要生产防护是静电防护。

1）静电的产生

静电，顾名思义，就是静止的电荷。任何两种不同材质的物体接触后再分离即可产生静电（表面电阻率为 10^{11}~10^{13} $\Omega \cdot cm$ 的物质极易产生静电），如高分子化合物、人工合成材料（打蜡地板、人造地毯）。

静电是一种客观自然现象，产生的方式有多种，如接触和摩擦等。人体自身动作或与其他物体的摩擦，就可以产生几千伏甚至上万伏的静电。产生可以听见"嘀嗒"一声的放电需要累积大约 2 000 V 的电荷，而 3 000 V 静电就可以感觉到小的电击，5 000 V 静电可以看见火花。

在生产环境中，操作机器、包装塑料袋和人体来回走动等，都很容易产生静电。

空气的相对湿度对静电产生影响较大。例如，在相对湿度为 10%~20% 的环境中走过地毯，将产生 35 000 V 静电，而在相对湿度为 65%~90% 的环境中走过地毯，只产生 1 500 V 静电。

一般电子工厂工作人员经常工作的场所产生的静电强度如表 1-4 所示。

表1-4　工作场所产生的静电强度

活动情形	静电强度（V）	
	10%~20%相对湿度	65%~95%相对湿度
走过地毯	35 000	1 500
走过塑料地板	12 000	250
拿起塑料活页夹、袋	7 000	600
拿起塑料袋	20 000	1 000
在椅子上工作	6 000	100
工作椅垫摩擦	18 000	1 500

2）静电的特性

（1）电气特性。高电压、低电量、小电流和作用时间短（一般情况下）。

（2）分布特性。由于同种电荷相互排斥，导体上的静电荷总是分布在表面，一般情况下分布是不均匀的，导体尖端的电荷分布特别密集。

（3）放电特性。静电放电以极高的强度很迅速地发生，通常将产生足够的热量熔化半导体芯片内部电路。

3）静电在电子工业中的危害

（1）静电对电子产品的损害。

静电可分为静电起电（ESA）和静电放电（ESD）两个过程。静电产生后在一般情况下不易被看见，所以很容易被忽略。但是有些电子元件对静电是很敏感的，如带有足够高电荷的螺丝起子靠近有相反电势的集成电路（IC）时，电荷"跨接"，会引起静电放电。静电放电以极高的强度很迅速地发生，通常将产生足够的热量熔化半导体芯片的内部电路，在电子显微镜下可看到向外吹出的小"子弹"孔，引起即时的和不可逆转的损坏。尤其是 MOS 元件，它使用了很薄的金属氧化层，在静电为 170 V 时就会被击坏。互补金属氧化物半导体（complementary metal oxide semiconductor，CMOS）或电气可编程只读内存（electrical programmable read only memory，EPROM）等常见元件，可分别被只有 250 V 和 100 V 的静电放电电势所破坏。

此外，还有线性集成块、数字化双极性集成块和激光器等对静电也很敏感。如果在成型、插装焊接、安装和更换这些元件时，不注意静电防护，那么就会损伤这些元件或者影响其功能，从而降低产品质量，造成不必要的损失。静电引起的元件立即损坏约占 10%，其他 90% 被损伤的元件虽还可以用，但可靠性会大大降低。据统计，在电子产品生产企业中，半导体的损坏 59% 都是由静电所致的。大部分器件的静电破坏电压都在几百至几千伏，而在干燥的环境中人活动所产生的静电可达几千伏到几万伏，如走路或拆装泡沫材料都可产生几千或几万伏静电。

（2）静电对电子产品损害的特性。

①隐蔽性。在不发生静电放电的情况下人体无法直接感知静电，即使发生静电放电人体也不一定能有电击的感觉，这是因为人体感知的静电放电电压为 2 000 V~3 000 V，所以静电具有隐蔽性。

②潜在性。有些电子元器件受到静电损伤后的性能没有明显地下降，但多次累加放电会给器件造成内伤而形成隐患，因此静电对器件的损伤具有潜在性。

③随机性。可以这么说，从一个元件产生以后，一直到它损坏以前，所有的过程都有可能受到静电的威胁，而这些静电的产生也具有随机性。

④复杂性。静电放电损伤的失效分析工作，因电子产品的精、细、微小的结构特点而费时、费事、费钱。例如，要求较高的分析技术往往需要使用扫描电镜等高精密仪器。即使如此，有些静电损伤现象也难以与其他原因造成的损伤加以区别，使人误把静电损伤失效当作其他失效。这在对静电放电损害未充分认识之前，常常归因于早期失效或情况不明的失效，从而不自觉地掩盖了失效的真正原因，所以静电对电子器件的损害具有复杂性。

4）电子产品生产的静电防护

（1）常见防静电符号标识。

①ESD 敏感符号。三角形内有一斜杠跨越的手，用于表示容易受到 ESD 损害的电

子元件或组件，如图1-2（a）所示。

②ESD 防护符号。它与 ESD 敏感符号的不同在于有一圆弧包围着三角形，而没有斜杠跨越的手，如图1-2（b）所示，它用于表示被设计为对 ESD 敏感元件或设备提供 ESD 防护的器具。

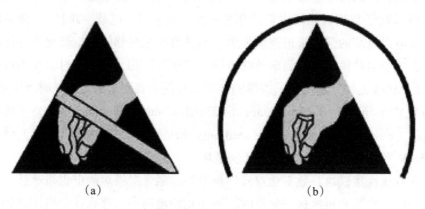

图1-2 防静电标识

（a）ESD 敏感符号；（b）ESD 防护符号

防静电材料一般情况下为黑色，但并不是所有防静电材料都是黑色的。没有 ESD 敏感符号未必意味着该组件不是 ESD 敏感的，当质疑一组件的静电敏感性而无定论时，必须将其作为静电敏感组件处理。

（2）电子产品生产中防静电的作用。

①降低因静电破坏所带来的生产成本增加。由于静电对部分元件造成破坏，致使该元件完全失去功能，器件不能工作，在功能检查时，表现出这样或那样的故障现象。故障机转至维修部进行维修，势必造成人力、物力增加，此现象约占受静电损坏元件总数的 10%。

②提高生产效率及产品质量。因静电损坏元件，生产直通率下降，相当一部分时间用于故障确认、原因分析，导致生产效率降低。在生产维修时将元件进行拆、焊过程中对 PCB（printed circuit board，印制电路板）走线、焊盘牢固度都会有不同程度的影响。将已固定到机器外壳上的故障板，拆下后再重新固定，对产品的牢固性会有很大影响。

③延长产品使用寿命。静电损坏元件约 90% 为间歇性（或部分）失去功能，器件虽可工作但不稳定，维修次数增加。在产品正常使用的情况下，每增加一次维修，产品质量就会不同程度地下降，产品寿命随之缩短。

（3）静电的防护措施。

①静电防护的原则。

a. 在静电安全工作区域（EPA）使用或作业静电敏感元件（如防静电工作台）。安全的工作区域是指所有导电性与绝缘性物体不得存在足够破坏组件的电荷，所以整个工作区域必须备有完整的导电材料及接地系统和适当的离子化空气产生器。

b. 用静电屏蔽容器（如带有特殊标志的包装袋或盒子）周转及存放静电敏感元件或电路板（如 SMT 周转架），检查静电屏蔽容器内部，如有能够引起静电放电的物品要将其取出（如一个塑料袋、一片塑料泡沫等），不能反复使用包装容器，除非使用前检查过。

c. 定期检查所采取的静电防护措施（物品、方法）是否正常（如接地良好与否、防静电手环是否合格）。保持工作场所的整洁，把不需要的物品从工作场所挪走（如梳子、食品、软饮料盒、自粘胶带、影印件、塑料袋和聚苯乙烯泡沫材料等）。

②常见的防静电措施。

a. 最大限度地防止静电产生。

• 增加空气湿度（30%~70%）。

• 采用抗静电材料。采用防静电包装袋、周转箱、包装箱和工作台。

• 导电性物体接地。

• 绝缘性物体离子中和。

b. 静电泄放。

带电物体失去电荷的现象称为放电。常见的放电现象有以下 3 种。

• 接地放电。如防静电手腕带、防静电台垫（地垫）、电源采用三相四线制（接地放电），生产线体、工作桌面、设备充分接地（接地放电），工作服（接地放电）电动工具充分接地（接地放电）。

• 尖端放电。如无线手环、避雷针。

• 静电中和。

c. 静电屏蔽。

一个接地的金属网罩，可以隔离内外电场的相互影响，这就是静电屏蔽。如高压设备外围设置金属网罩，电子仪器外面安装金属外壳。避免静电敏感元件或电路板与塑料制品或工具放在一起。

拓展知识
电子产品制造的
可靠性试验

静电防护工作是一项系统工程，任何环节的失误或疏漏，都会导致静电防护工作的失败。更不能存在侥幸心理，要时刻保持警惕，检查各项防护措施是否有疏漏。

素养养成

（1）能够独立进行资料查找，提高分析问题、解决问题的能力。

（2）通过学习中国制造的案例，增强中国从制造大国到制造强国的民族自豪感和使命感。

 任务实现 //

1.任务分组

任务工作单

组号：_____ 姓名：_____ 学号：_____ 检索号：___1211-1___

班级		组号		指导教师	
组长		学号			
	序号		姓名		学号
	1				
	2				
组员	3				
	4				
	5				
任务分工					

2.自主探学

任务工作单 1

组号：_____ 姓名：_____ 学号：_____ 检索号：___1212-1___

引导问题：

（1）根据电子产品最终使用条件，电子产品可分为哪三级？

_____

（2）电子产品制造分为哪三个不同的等级？

_____

（3）电子产品整机的装配测试包括哪几个过程？

_____

（4）为了保证质量，在生产过程中要进行哪些生产防护？最重要的是什么防护？

_____

（5）常见防静电符号标识有哪两种？

_____

任务工作单 2

组号：_____ 姓名：_____ 学号：_____ 检索号：____1212-2____

引导问题：

（1）电子产品的生产工艺流程一般是怎样的？

_____

_____

（2）静电对电子产品的损害有哪些？

_____

_____

（3）电子产品生产中防静电有何作用？

_____

_____

（4）常见的防静电措施有哪些？

_____

_____

（5）编制电视机生产的工艺流程方案。

序号	阶段要素	阶段要领

3.合作研学

任务工作单

组号：_____ 姓名：_____ 学号：_____ 检索号：__1213-1__

引导问题：

（1）小组交流讨论，教师参与，形成正确的电视机生产的工艺流程方案。

序号	工艺要素	工艺要领

（2）记录自己存在的不足。

_____

4.展示赏学

任务工作单

组号：_____ 姓名：_____ 学号：_____ 检索号：__1214-1__

引导问题：

（1）每小组推荐一位小组长，汇报电视机生产的工艺流程方案，借鉴每组经验，进一步优化方案。

序号	工艺要素	工艺要领

（2）记录自己存在的不足。

_____

5.任务实施

任务工作单

组号：＿＿＿＿＿ 姓名：＿＿＿＿＿ 学号：＿＿＿＿＿ 检索号：＿＿1215-1＿＿

引导问题：

（1）按照电视机生产的工艺流程方案，画出电视机生产的工艺流程图，并记录实施过程。

案例详解
电视机生产的工艺流程

工艺要素	工艺要领	备注

（2）对比分析电视机生产的工艺流程，并记录分析过程。

工艺要领	实际要领	是否有问题	原因分析

6.任务评价

（1）个人自评。
（2）小组内互评。
（3）小组间互评。
（4）教师评价。

评价反馈
任务 1.2 评价表

通孔插装元器件
手工装配焊接工艺

任务2.1　通孔插装常用电子元器件识别与检测

子任务2.1.1　电阻、电容、电感识别与检测

任务描述

（1）根据所给的调幅收音机散件（见图2-1），从中识别各种元器件进行归类，并根据元器件上标识的主要参数，对应材料清单进行正确归位，把元器件固定在材料清单的相应位置上。调幅收音机材料清单如表2-1所示。

（2）用万用表对元器件进行质量检测，判断元器件质量是否符合技术指标要求。

图2-1　调幅收音机散件

表2-1　调幅收音机材料清单

序号	名称	规格	数量	安装位	序号	名称	规格	数量	安装位
1	电阻器	100 kΩ	1	R1	6	电阻器	62 kΩ	1	R6
2	电阻器	2 kΩ	1	R2	7	电阻器	51 Ω	1	R7
3	电阻器	100 Ω	1	R3	8	电阻器	1 kΩ	1	R8
4	电阻器	20 kΩ	1	R4	9	电阻器	680 Ω	1	R9
5	电阻器	150 Ω	1	R5	10	电阻器	51 kΩ	1	R10

序号	名称	规格	数量	安装位	序号	名称	规格	数量	安装位
11	电阻器	1 kΩ	1	R11	39	三极管	9013H	1	V7
12	电阻器	220 Ω	1	R12	40	磁棒	BS4×13×55	1	B1
13	电阻器	24 kΩ	1	R13	41	天线线圈	12×32	1	B1
14	电位器	NWD 5 kΩ	1	W	42	振荡线圈	MLL70−1红	1	B2
15	双联	CBM−223P	1	C1	43	中频变压器	MLT70−1黄	1	B3
16	电容器	0.022 μF	1	C2	44	中频变压器	MLT70−2白	1	B4
17	电容器	0.01 μF	1	C3	45	中频变压器	MLT70−3黑	1	B5
18	电解电容	4.7 μF/10V	1	C4	46	输入变压器	小功率蓝绿	1	B6
19	电容器	0.022 μF	1	C5	47	输出变压器	小功率黄红	1	B7
20	电容器	0.022 μF	1	C6	48	扬声器	0.25 W/8 Ω	1	Y
21	电容器	0.022 μF	1	C7	49	前框	—	1	—
22	电容器	0.022 μF	1	C8	50	后盖	—	1	—
23	电容器	0.022 μF	1	C9	51	周率板	—	1	—
24	电解电容	4.7 μF/10V	1	C10	52	调谐盘	—	1	—
25	电容器	0.022 μF	1	C11	53	电位盘	—	1	—
26	电容器	0.022 μF	1	C12	54	磁棒支架	—	1	—
27	电容器	0.022 μF	1	C13	55	印制板	—	1	—
28	电解电容	100 μF/63V	1	C14	56	正极片	—	2	—
29	电解电容	100 μF/63V	1	C15	57	负极簧	—	2	—
30	二极管	1N4148	1	D1	58	调谐盘螺钉	沉头M2.5×4	1	—
31	二极管	1N4148	1	D2	59	双联螺钉	M2.5×5	2	—
32	二极管	1N4148	1	D3	60	机芯自攻螺钉	M2.5×6	1	—
33	三极管	9018G	1	V1	61	电位器螺钉	M1.7×4	1	—
34	三极管	9018H	1	V2	62	正极导线	9 cm	1	—
35	三极管	9018H	1	V3	63	负极导线	10 cm	1	—
36	三极管	9018H	1	V4	64	扬声器导线	10 cm	2	—
37	三极管	9013H	1	V5	65	电路图	—	1	—
38	三极管	9013H	1	V6	66	元件清单	—	1	—

 学习目标 //

知识目标

（1）掌握电阻（位）器的种类、作用、标识方法和检测方法。

（2）掌握电容器的种类、作用、标识方法和检测方法。

（3）掌握电感器的种类、作用、标识方法和检测方法。

能力目标

（1）能够用目视法对常见电子元器件进行识别，能正确说出元器件的名称。

（2）能够正确识读电子元器件上标识的主要参数，清楚该元器件的作用。

（3）能够用万用表对常见电子元器件进行正确测量，并对其质量做出正确评价。

素养目标

（1）端正做事态度，追求精益求精的工匠精神，养成专心细致的工作习惯。

（2）牢记责任担当的精神使命。

（3）提高透过表象看本质的能力。

（4）增强按规范操作的质量意识。

（5）提高分析问题、解决问题的能力。

 重点与难点 //

重点：色环电阻的识别与检测。

难点：色环电阻的颜色对应的数字及色环电阻每一位色环代表的意义。

 知识准备 //

1.电阻器的识别与检测

电阻器在电路中起分压、分流和限流等作用，在电路中用字母"R"表示。

电阻的基本单位为"欧姆"，用希腊字母"Ω"表示。除欧姆外，电阻的单位还有千欧（kΩ）和兆欧（MΩ）等，其换算关系如表 2-2 所示。

$1\,\mathrm{M\Omega}=1\,000\,\mathrm{k\Omega}=10^6\,\Omega$；$1\,\mathrm{k\Omega}=10^3\,\Omega$。

表2-2　常用的级数单位换算关系

数量级	10^{12}	10^9	10^6	10^3	1	10^{-3}	10^{-6}	10^{-9}	10^{-12}	10^{-15}
单位	太欧	吉欧	兆欧	千欧	欧姆	毫欧	微欧	纳欧	皮欧	飞欧
字母	TΩ	GΩ	MΩ	kΩ	Ω	mΩ	μΩ	nΩ	pΩ	fΩ

1）电阻器的分类

电阻器分为固定电阻器和可变电阻器（电位器）。常见的电阻器有碳膜电阻器、金属膜电阻器、碳质电阻器、线绕电阻器、熔断电阻器、热敏电阻器、水泥电阻器和可变电阻器等。

常见电阻器和电位器的电路符号及外形如图2-2、图2-3所示。

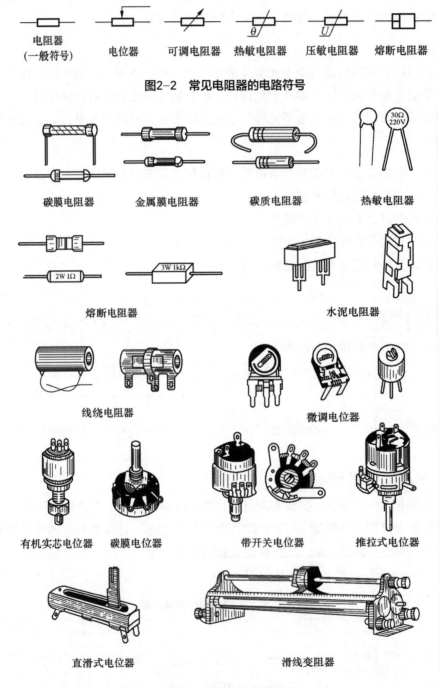

图2-2　常见电阻器的电路符号

图2-3　常见电阻器的外形

2）电阻器的识别

（1）电阻器的型号命名。

我国电阻器的型号命名由四部分组成：第一部分是产品的主称，用字母 R 表示；第二部分是产品的主要材料，用一个字母表示；第三部分是产品的分类，用一个数字或字母表示；第四部分是生产序号，一般用数字表示。

各部分的字母和数字的意义如表 2-3 所示。如 RJ71 为精密型金属膜电阻器，RYG1 为功率型金属氧化膜电阻器，RS11 为通用型实芯电阻器。

表2-3 电阻（位）器各部分的意义

第一部分		第二部分		第三部分		第四部分
用字母表示主称		用字母表示材料		用数字或字母表示特征		用数字表示序号
符号	意义	符号	意义	符号	意义	意义
R W	电阻器 电位器	T H P U C I J Y S N X R G M	碳膜 合成膜 硼碳膜 硅碳膜 沉积膜 玻璃釉膜 金属膜 氧化膜 有机实芯 无机实芯 线绕 热敏 光敏 压敏	1 2 3 4 5 7 8 9 G T X L W D	普通 普通 超高频 高阻 高温 精密 电阻器－高压 电位器－特殊 高功率 可调 小型 测量用 微调 多圈	额定功率 阻值 允许误差 精度等级等

（2）电阻器的标识方法。

①直标法：用阿拉伯数字和单位符号在电阻器的表面直接标出标称阻值和允许偏差的方法。对小于 1 000 的阻值只标出数值，不标单位；对 kΩ、MΩ 只标注 k、M。精度等级标Ⅰ或Ⅱ级，Ⅲ级不标明。

②文字符号法：将阿拉伯数字和字母符号按一定规律进行组合来表示标称阻值及允许偏差的方法。如"5R1"表示 5.1 Ω，R 表示欧姆（Ω）；"56k"表示 56 kΩ，"5k6"表示 5.6 kΩ。k、M、G、T 表示阻值单位和小数点的位置，k、M、G、T 之前的数字表示阻值的整数值，之后的数字表示阻值的小数值。

③色标法：用色环代替数字在电阻器表面标出标称阻值和允许误差的方法。色标法有四环和五环两种，五环电阻精度高于四环电阻精度，阻值单位为 Ω。第一位色环比较靠近电阻体的端头，最后一位与前一位的距离比前几位间的距离稍远些。色环电阻各环的意义如图 2-4 所示。

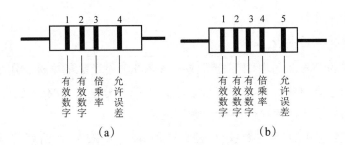

图2-4 色环电阻各环的意义

(a) 四环电阻；(b) 五环电阻

a. 四环电阻：第一、二位色环表示阻值的有效数字，第三位色环表示阻值的倍乘率，第四位色环表示阻值允许误差。

b. 五环电阻：第一、二、三位色环表示阻值的有效数字，第四位色环表示阻值的倍乘率，第五位色环表示阻值允许误差。

色环一般采用棕、红、橙、黄、绿、蓝、紫、灰、白、黑、金、银、无色表示，它们的意义见表2-4。

表2-4 色环电阻器上色环的意义

| | 四环电阻 | | | | 五环电阻 | | | | | |
颜色	第一位有效数字	第二位有效数字	倍乘	允许误差	颜色	第一位有效数字	第二位有效数字	第三位有效数字	倍乘	允许误差
棕色	1	1	10^1		棕色	1	1	1	10^1	±1%
红色	2	2	10^2		红色	2	2	2	10^2	±2%
橙色	3	3	10^3		橙色	3	3	3	10^3	
黄色	4	4	10^4		黄色	4	4	4	10^4	
绿色	5	5	10^5		绿色	5	5	5	10^5	±0.5%
蓝色	6	6	10^6		蓝色	6	6	6	10^6	±0.2%
紫色	7	7	10^7		紫色	7	7	7	10^7	±0.1%
灰色	8	8	10^8		灰色	8	8	8	10^8	
白色	9	9	10^9		白色	9	9	9	10^9	
黑色	0	0	10^0		黑色	0	0	0	10^0	
金色			10^{-1}	±5%	金色				10^{-1}	±5%
银色			10^{-2}	±10%	银色				10^{-2}	
无色				±20%						

色环电阻表示的阻值及偏差示例如图2-5所示。

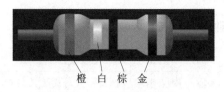
橙 白 棕 金
阻值：$39 \times 10^1 = 390 \, \Omega$ 误差：$\pm 5\%$

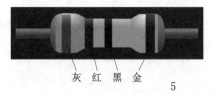
灰 红 黑 金
阻值：$82 \times 10^0 = 82 \, \Omega$ 误差：$\pm 5\%$

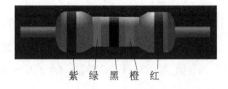
紫 绿 黑 橙 红
阻值：$750 \times 10^3 = 750 \, k\Omega$ 误差：$\pm 2\%$

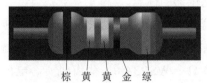
棕 黄 黄 金 绿
阻值：$144 \times 10^{-1} = 14.4 \, \Omega$ 误差：$\pm 0.5\%$

图2-5   色环电阻表示的阻值及偏差示例

④数字标志法：用三位阿拉伯数字表示电阻器标称阻值的形式，一般多用于片状电阻器。该方法的前两位数字表示电阻器的有效数字，第三位数字表示有效数字后面零的个数，或10的幂数。但当第三位为9时，表示倍率为0.1，即10^{-1}。

如121表示$12 \times 10^1 = 120 \, \Omega$，202表示$20 \times 10^2 = 2\,000 \, \Omega$。

电阻器的标志符号为100，表示有效数字为10，倍率为10^0，即$10 \, \Omega$。电阻器的标志符号759，表示有效数字为75，倍率为10^{-1}，即$7.5 \, \Omega$。

3）电位器的识别

（1）电位器的概念。

电位器是一种连续可调的电子元件，它靠电刷在电阻体上的滑动，取得与电刷位移成一定关系的输出电压。电位器有三个引出端，其中两个为固定端，一个为滑动端，滑动端在两个固定端之间的电阻体上做机械运动，使其与固定端之间的电阻发生变化。

（2）电位器的型号命名。

电位器的型号命名由四部分组成：第一部分为电位器的代号，用一个字母W表示；第二部分为电位器的电阻体材料代号，用一个字母表示；第三部分为电位器的类别代号，用一个字母表示；第四部分为电位器的序号，用阿拉伯数字表示。

难点讲解
电阻器的识别与检测

电位器电阻体材料代号表示的意义如表2-5所示。

表2-5   电位器电阻体材料代号表示的意义

代号	H	S	N	I	X	J	Y	D	F	P	M	G
材料	合成碳膜	有机实芯	无机实芯	玻璃釉膜	线绕	金属膜	氧化膜	导电塑料	复合膜	硼碳膜	压敏	光敏

电位器的类别代号表示的意义如表 2-6 所示。

表2-6　电位器的类别代号表示的意义

代号	G	H	B	W	Y	J	D	M	X	Z	P	T
类别	高压类	组合类	片式类	螺杆驱动预调类	旋转预调类	单圈旋转精密类	多圈旋转精密类	直滑式精密类	旋转低功率类	直滑式低功率类	旋转功率类	特殊类

（3）电位器的标志。

电位器的标识方法一般采用直标法，即用字母和阿拉伯数字直接将电位器的型号、类别、标称阻值和额定功率等标注在电位器上。例如，WH112 470 为合成碳膜电位器，阻值为 470 Ω；WS-3A 0.1 为有机实芯电位器，阻值为 0.1 Ω；WHJ-3A 220 为精密合成碳膜电位器，阻值为 220 Ω。常见电位器如图 2-6 所示。

图2-6　常见电位器

（4）电位器阻值变化规律。

常见的电位器阻值变化规律有线性变化和非线性变化两种。

①线性电位器（X 式）。线性电位器是指输出比 U_c/U_r 与行程比 θ/H（θ 为转角，H 为总转角）成直线关系，即其阻值变化与转角成直线关系，适用于要求阻值调节均匀的场合。

②非线性电位器。非线性电位器是指输出比与行程比不成线性关系的电位器。它包括指数式电位器（Z 式）、对数式电位器（D 式）。

a. 指数式电位器是开始旋转时，阻值变化较小，而在转角接近最大转角一端时，阻值的变化比较陡，适用于音量控制电路。

b. 对数式电位器是开始旋转时，阻值变化很大，而在转角接近最大转角一端时，阻值的变化比较缓慢，适用于音调控制电路和对比度控制电路。

电位器阻值变化规律如图 2-7 所示。

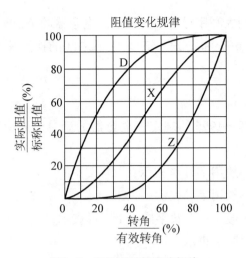

图2-7 电位器阻值变化规律

4）电阻（位）器的检测方法

电阻（位）器一般用万用表进行测试，现在通常使用数字万用表，本书就以数字万用表测试方法为例加以介绍。

（1）电阻器的检测。

根据电阻器的标称阻值将数字万用表挡位旋转到适当的"Ω"挡位，选择测量挡位时尽量使显示屏显示较多的有效数字。黑表笔插在"COM"插孔，红表笔插在"VΩ"插孔，两表笔不分正负极分别接在被测电阻器的两端，显示屏显示出被测电阻器的阻值。如果显示"000"表示电阻器已经短路；如果仅最高位显示"1"表示电阻器开路；如果显示值与电阻器上标称值相差很大，超过允许偏差，表示该电阻器质量不合格。

（2）电位器的检测。

①检测标称阻值。根据电位器标称阻值的大小，将数字万用表置于适当的"Ω"挡位，检测方法同电阻器。

②检测动端与电阻体的接触是否良好。数字万用表的一表笔与电位器的动端相接，另一表笔与任一固定端相接，慢慢旋转电位器的旋钮，从一个极端位置旋转到另一个极端位置，观察阻值是否从零（或标称值）连续变化到标称值（或零），中间是否有断路的现象。如果显示数值中间有不变或有显示"1"的情况，表示该电位器动端接触不良。

2.电容器的识别与检测

1）电容器的概念

电容器是各类电子电路中必不可少的一种重要基本元件，它是一种储能元件，简单讲就是存储电荷的容器，两个彼此绝缘的金属极板就构成一个最简单的电容器。其特性为隔直流，通交流，在电路中常用于隔直、交流信号的耦合、交流旁路、电源滤波及谐振选频等。

电容器的文字符号用大写字母"C"表示。电容器的单位是法拉（F），常用的单位还有微法（μF）、纳法（nF）和皮法（pF）。它们之间的换算关系：$1\,F = 10^6\,μF = 10^9\,nF = 10^{12}\,pF$。

2）电容器的型号命名与分类

根据国标 GB/T 2470—1995 的规定，电容器的型号一般由四部分组成，如图 2-8 所示。

第一部分是主称，一般用字母 C 表示；

第二部分是材料，一般用字母表示；

第三部分是特征，一般用一个数字或一个字母表示；

第四部分是序号，用数字表示。

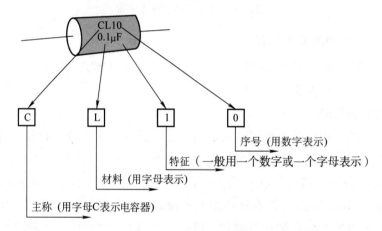

图2-8 电容器命名示意

第二部分和第三部分的代号及其意义如表 2-7 所示。

表2-7 电容器的分类代号及其意义

第二部分（材料）		第三部分（特征依种类不同而含义不同）				
符号	含义	符号	瓷介	云母	有机	电解
C	高频瓷	1	圆形	非密封	非密封	箔式
T	低频瓷	2	管形	非密封	非密封	箔式
Y	云母	3	叠片	密封	密封	烧结粉液体
V	云母纸	4	独石	密封	密封	烧结粉固体
I	玻璃釉	5	穿心		穿心	
O	玻璃膜	6	支柱形			
B	聚苯乙烯	7				无极性
F	聚四氟乙烯	8	高压	高压	高压	

第二部分（材料）		第三部分（特征依种类不同而含义不同）				
符号	含义	符号	瓷介	云母	有机	电解
L	聚酯（涤纶）	9			特殊	特殊
S	聚碳酸酯	G	高功率			
Q	漆膜	T	叠片式			
Z	纸介	W	微调			
J	金属化纸介	D	低压			
H	复合介质	X	小型			
G	合金电解质	Y	高压			
E	其他电解质	M	密封			
D	铝电解	J	金属化			
A	钽电解	C	穿心式			
N	铌电解	S	独石			
T	钛电解					

电容器按结构可分为固定电容和可变电容，可变电容中又有半可变（微调）电容和全可变电容之分。电容器按材料介质可分为气体介质电容、纸介电容、有机薄膜电容、瓷介电容、云母电容、玻璃釉电容、电解电容和钽电容等。电容器还可分为有极性电容和无极性电容。常见电容器的外形和图形符号如图 2-9 所示。

3）电容器的主要技术参数

（1）标称容量和允许偏差。在电容器上标注的电容量值，称为标称容量。电容器的标称容量与其实际容量之差，再除以标称值所得的百分比，就是允许误差。其标注方法与电阻器一样有如下几种。

①直标法。将电容器的容量、正负极性、耐压和偏差等参数直接标注在电容体上，主要用于体积较大的元器件的标注，如电解电容，瓷介质电容等。

例如，CCG1-63V-0.1 μF Ⅲ，各参数分别表示 Ⅰ 类陶瓷介质高功率圆形电容器、耐压 63 V、标称容量 0.1μF、允许误差 Ⅲ 级（即 ±20%）。

②文字符号法。文字符号法是用特定符号和数字表示电容器的容量、耐压和误差的方法。一般数字表示有效数值，字母表示数值的量级。

常用的字母有 m、μ、n、p 等，字母 m 表示毫法、μ 表示微法（μF）、n 表示纳法（nF）、p 表示皮法（pF）。电容器文字符号标注法如图 2-10 所示。

例如，10 μ 表示标称容量为 10 μF，10 p 表示标称容量为 10 pF。字母有时也表示小数点。例如：2p2 表示 2.2 pF；3μ3 表示 3.3 μF。有时也在数字前面加字母 μ 或 p 表示零点几微法或零点几皮法。例如：p33 表示 0.33 pF；μ22 表示 0.22 μF。

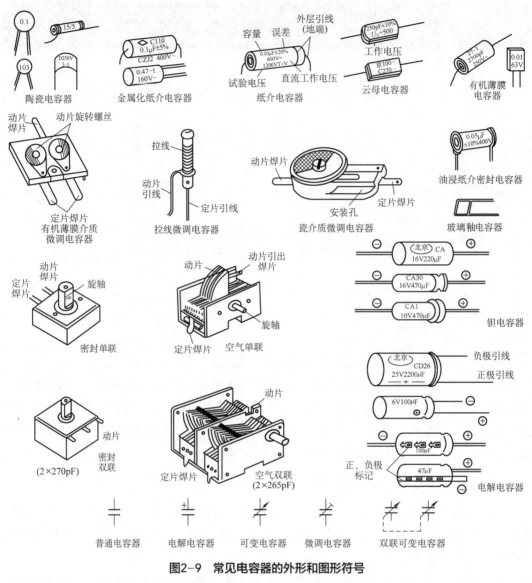

图2-9　常见电容器的外形和图形符号

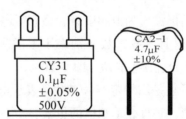

图2-10　电容器文字符号标注法

③数码法。一般用三位数字表示容量的大小，单位为pF。前两位为有效数字，后一位表示倍率，即乘以 10^i，i 为第三位数字，若第三位数字为9，则乘以 10^{-1}，如图 2-11 所示。

图2-11 电容器数码标注法

例如：233 表示 23×10^3 pF=23 000 pF=0.023 μF；479 表示 47×10^{-1} pF=4.7 pF；224 表示 0.22 μF。

④色标法。电容器的色标法与电阻器色标法类似，其单位为 pF。电容器的耐压也有使用颜色的。例如，某一电容器的色标为红红橙银棕蓝，分别表示容值有效数字第一位、第二位、倍率、允许偏差、电压有效数字第一位、第二位，即表示 0.022 μF ± 10%，耐压 1 600 V。

（2）电容器的耐压。电容器的耐压是指在规定温度范围内，电容器正常工作时能承受的最大直流电压。它的大小与介质种类、厚度有关。耐压值一般直接标注在电容体上，但体积很小的小容量电容不标注耐压值。固定式电容器的耐压系列值有 1.6、6.3、10、16、25、32*、40、50、63、100、125*、160、250、300*、400、450*、500、1 000 等（带 * 号者只限于电解电容使用）。电容器在使用时不允许超过耐压值，否则电容器就可能被损坏或被击穿，甚至爆裂。

4）常用电容器的特点

（1）纸介电容器（型号 CZ）。其特点是容量和耐压范围宽（1~20 μF，36 V~3 kV）、成本低、体积大、化学稳定性差、易老化、纸介质耐热性差，工作温度范围为 −60~+70 ℃。纸介电容器不宜在高频电路中使用，主要用于直流和低频电路中旁路及隔直。

（2）金属化纸介电容器（型号 CJ）。其特点是体积小、容量大、成本低、寿命长，具有自愈能力。金属化纸介电容器适用于频率和稳定性要求不高的电路。

（3）有机塑料薄膜电容器。其材质包括涤纶、聚苯乙烯、聚碳酸酯、聚丙烯、聚四氟乙烯等多种类型。其特点是工作温度高、损耗小、耐压高、绝缘电阻大，在很宽频率范围内稳定性好，但温度系数较大。它适用于高压电路、谐振回路和滤波电路。涤纶电容器（型号 CL）介质为涤纶薄膜，其电容量和耐压范围宽、体积小、容量大、耐高温、成本低。它多用于稳定性和损耗要求不高的场合，如直流及脉动电路中。

（4）瓷介电容器（型号 CC）。其特点是介电常数很大、体积很小、稳定性好、耐热性高、绝缘性能良好、温度系数范围宽，但机械强度低、易碎易裂。它适用于高频电路、高压电路和温度补偿电路。

（5）云母电容器（型号 CY）。其特点是介电常数大、稳定性好、损耗小、可靠性高、分布电容小、耐热性好，但来源有限、成本高、生产工艺复杂、体积大。它适用于高频和高压电路。

（6）玻璃釉电容器（型号CI）。其特点是介电常数大、体积小；耐热性高，在200 ℃下能长期稳定工作；抗湿性好，在相对湿度为90%的条件下也能正常工作。它适用于交直流电路和脉冲电路。

（7）电解电容器。以金属氧化物膜为介质，以金属和电解质为电极，金属为阳极，电解质为阴极的电容器称为电解电容器。其优点是电容量大、具有一定自愈能力。其缺点是有极性要求，使用时必须注意极性；具有工作电压上限，如铝电解电容器的耐压为500 V，钽电解电容器耐压为160 V，固体钽电容器耐压只有63 V；绝缘质量是所有电容器中最差的，电性能变化大；电解液易外漏。固体钽电解电容器承受大电流冲击的能力差，而铝电解电容器长期搁置不用易变质。铝电解电容器价格便宜，适用于滤波、旁路。钽电解电容器可靠性高、性能好，但价格贵，适用于高性能指标的电子设备。

5）可变电容器

（1）可变电容器结构。可变电容器是由很多半圆形动片和定片组成的平行板式结构，动片和定片之间用介质（空气、云母或聚苯乙烯薄膜）隔开，动片组可绕轴相对于定片组旋转0°~180°，从而改变电容量的大小。可变电容器按结构可分为单联、双联和多联3种，主要用在需要经常调整电容量的场合，如收音机的频率调谐电路。常见小型可变电容器的外形，如图2-12所示。双联可变电容器又分成两种，一种是两组最大容量相同的等容双联可变电容器，另一种是两组最大容量不同的差容双联可变电容器。目前最常见的小型密封薄膜介质可变电容器（CBM型），采用聚苯乙烯薄膜作为片间介质。

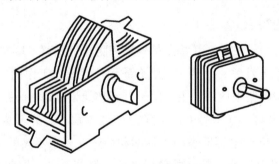

图2-12　小型可变电容器的外形

（2）可变电容器的特点。单联可变电容器是由一组动片和一组定片以及旋轴等组成，可用空气或薄膜作介质。当转动旋轴时，就改变了动片和定片的相对位置，即可调整容量。当动片组全部旋出时，电容器容量最小。单联可变电容器的容量范围通常是7~270 pF。双联可变电容器由两组动片和两组定片以及旋轴等组成，双联电容器的动片安装在同一根转轴上，当旋动转轴时，双联动片组同步转动。如果两组最大电容量相同，称等容双联，容量一般为2×270 pF、2×365 pF；如果两组容量不等，称差容双联，容量一般为60/170 pF、250/290 pF等。

（3）微调电容器（CCW型）。微调电容器的结构是在两块同轴的陶瓷片上分别镀有半圆形的银层，定片固定不动，旋转动片就可以改变两块银片的相对位置，从而在较小的范围内改变容量（几十皮法），如图 2-13 所示。其特点是容量较小，调整范围也小。其最小 / 最大容量一般在 5/20 pF、7/30 pF 等。一般用于不经常进行频率微调的高频回路中。

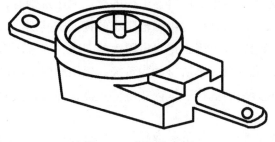

图2-13　微调电容器

6）电容器的质量检测

（1）容量大于 5 000 pF 的电容器的检测。可用指针式万用表 R×10 kΩ、R×1 kΩ 挡测量电容器的两引线。正常情况下，表针先向 R 为零的方向摆去，然后向 R→∞ 的方向退回（充放电）。如果退不到 ∞，而是停留在某一数值上，表针稳定后的阻值就是电容器的绝缘电阻（也称漏电电阻）。一般电容器的绝缘电阻在几十兆欧以上，电解电容器在几兆欧以上。若所测电容器的绝缘电阻小于上述值，则表示电容器漏电。若表针不动，则表明电容器内部开路。

视频链接
电容器的识别与检测

（2）容量小于 5 000 pF 的电容器的检测。由于充电时间很快，充电电流很小，看不出表针摆动，故可借助 NPN 型晶体管的放大作用来测量，测量电路如图 2-14 所示。将电容器接到 A、B 两端，由于晶体管的放大作用，就可以测量到电容器的绝缘电阻。判断方法同上所述。

利用数字万用表可以直接测出小容量电容器的电容值。根据被测电容器的标称容值，选择合适的电容量程（Cx），将被测电容器插入数字万用表的"Cx"插孔中，万用表立即显示出被测电容器的电容值。如果显示为"000"，则说明该电容器已短路损坏；如果仅显示为"1"，则说明该电容器已断路损坏；如果显示值与标称值相差很大，则说明电容器漏电失效，不宜使用。数字万用表测量电容的最大量程为 20 μF，对于大于 20 μF 的电容无法测量其数值。

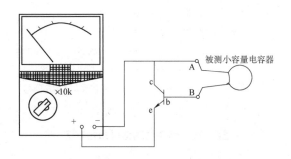

图2-14　小容量电容器的测量电路

（3）电解电容器的检测。一般电容器正极的引线长一些，测量时将电源的正极与电容器正极相接，电源的负极与电容器负极相接，这种接法称为电容器的正接，电容器的正接比反接的漏电电阻大。当电解电容器引线的极性无法辨别时，可以根据电解电容器正向连接时绝缘电阻大，反向连接时绝缘电阻小的特征来判别。用交换万用表红、黑表笔的方法来测量电容器的绝缘电阻，绝缘电阻大的一次，连接表内电源正极的表笔所接的就是电容器的正极，另一只表笔所接的为负极。但用此法不易区别漏电电阻小的电容器的极性。注意数字式万用表的红表笔内接电源正极，而指针式万用表的黑表笔内接电源正极。

（4）可变电容器的检测。可变电容器的漏电或碰片短路，可用万用表的欧姆挡来检查。将万用表的两只表笔分别与可变电容器的定片和动片引出端相连，同时将电容器来回旋转几下，阻值读数应该极大且无变化。如果读数为零或某一较小的数值，则说明可变电容器已发生碰片短路或漏电严重，不能使用。

3.电感器的识别与检测

电感器俗称电感或电感线圈，是由导线在绝缘骨架上（也有不用骨架的）绕制而成的，也是构成电路的基本元件，在电路中有阻碍交流电通过的特性。电感器在电路中常用作扼流、变压、谐振和传送信号等。在电路中用字母"L"表示。电感器的基本单位为亨利（H），常用还有毫亨（mH）、微亨（μH）。它们之间的换算关系是 $1H=10^3 mH=10^6 \mu H$。电感器的应用范围很广泛，它在调谐、振荡、耦合、匹配、滤波、陷波、延迟、补偿及偏转聚焦等电路中都是必不可少的。

1）电感器的型号命名和分类

（1）电感器的型号命名方法（见图2-15）。电感元件的型号一般由下列四部分组成。

第一部分是主称，用字母表示，其中 L 代表电感线圈，ZL 代表阻流圈；

第二部分是特征，用字母表示，其中 G 代表高频；

第三部分是形式，用字母表示，其中 X 代表小型；

第四部分是区别代号，用字母表示。

例如，LGX，表示小型高频电感线圈。

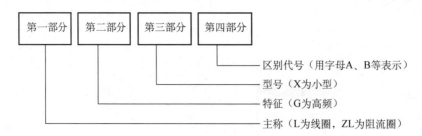

图2-15　电感器的型号命名方法

（2）电感线圈的标注方法。

①直标法。直标法是在小型固定电感线圈的外壳上直接用文字符号标出其电感量、允许偏差和最大直流工作电流等主要参数。其中允许偏差常用Ⅰ、Ⅱ、Ⅲ来表示，分别代表允许偏差为 ±5%、±10%、±20%，最大工作电流常用字母 A、B、C、D、E 等标志。例如，固定电感线圈外壳上标有 150 μH、A、Ⅱ的标志，则表明线圈的电感量为 150 μH，允许偏差为Ⅱ级（±10%），最大工作电流 50 mA（A挡），如图 2-16 所示。

②色标法。色标法是指在电感器的外壳上涂上四条不同颜色的环，来表示电感器的主要参数。前两条色环表示电感量的有效数字，第三条色环表示倍率（即 10^n），第四条色环表示允许偏差。其数字与颜色的对应关系同色标电阻，单位为微亨（μH），如图 2-17 所示。例如，电感的色标为棕绿黑银，则表示电感量为 15 μH，允许偏差为 ±10%。

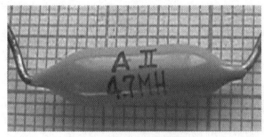

图2-16　电感器的直标法

图2-17　电感器的色标法

（3）电感器的分类。电感器按工作特征分成电感量固定和电感量可变两种类型；按磁导体性质分成空心电感、磁心电感和铜心电感；按绕制方式及其结构分成单层、多层、蜂房式、有骨架式或无骨架式电感；按工作性质分成天线电感线圈、振荡线圈、扼流线圈、陷波线圈和偏转线圈；按用途可分为高频扼流线圈、低频扼流线圈、调谐线圈、退耦线圈、提升线圈和稳频线圈等；按照形状分为线绕和平面电感。

2）电感器的主要特性参数

（1）标称电感量。标称值标记方法同电阻器、电容器一样，只是单位不同。

（2）品质因数（Q）。品质因数是表示线圈质量的一个参数。它是指线圈在某一频率的交流电压下工作时所呈现的感抗和线圈的总损耗电阻之比。在谐振回路中，线圈的 Q 值越高，回路的损耗就越小，效率就越高，滤波性能就越好。

（3）分布电容（固有电容）。电感线圈的匝与匝之间、线圈与地之间、线圈与屏蔽盒之间、多层绕组的层与层之间均存在分布电容。线圈的固有电容越小越好。可通过减小线圈骨架的直径，采用细导线绕制或采用间绕法、蜂房式绕法等措施减小线圈固有电容。

（4）额定电流。电感线圈在正常工作时，允许通过的最大电流称为额定电流，也称为线圈的标称电流值。当工作电流大于额定电流时，线圈就会发热，甚至被烧坏。

（5）稳定性。表示线圈参数随外界条件变化而改变的程度，通常用电感温度系数和不稳定系数两个量来衡量，量值越大，表示稳定性越差。

3）常见电感器的类型

（1）小型固定电感器。小型固定电感器有卧式和立式两种，其电感量一般为 0.1~3 000 μH，允许误差分为Ⅰ、Ⅱ、Ⅲ三级，即 ±5%、±10%、±20%，工作频率在 10 kHz~200 MHz 之间。其电流等级分别用 A、B、C、D、E 表示（即分别表示工作电流不小于 50 mA、150 mA、300 mA、700 mA、1 600 mA）。小型固定电感器具有体积小、重量轻、结构牢固、耐振动、耐冲击、防潮性好和安装方便等优点，一般用于滤波、扼流、延迟、振荡和陷波等电子线路中。

（2）平面电感。平面电感是在陶瓷或微晶玻璃基片上沉积金属导线而成的，主要采用真空蒸发、光刻电镀及塑料包封等工艺。平面电感在稳定性、精度和可靠性方面较好，可用于几十 MHz 到几百 MHz 的高频电路中。

（3）单层线圈。单层线圈的电感量较小，约在几个 μH 至几十 μH 之间。单层线圈通常使用在高频电路中。为了提高线圈的 Q 值，单层线圈的骨架，常使用介质损耗小的陶瓷和聚苯乙烯材料制作，如图 2-18 所示。

图2-18　单层线圈

单层线圈的绕制又可分为密绕和间绕，如图 2-19 所示。密绕匝间电容较大，使 Q 值和稳定性有所降低。间绕使线圈具有高 Q 值（150~400）和高稳定性，但电感量不能做得很大。

（4）多层线圈。多层线圈的电感量较大，通常大于 300 μH。多层线圈的缺点就在于固有电容较大，因为匝与匝、层与层之间都存在固有电容。同时，线圈层与层之间的电压相差较大，当线圈两端具有较高电压时，易发生跳火、绝缘击穿等。多层线圈如图 2-20 所示。

图2-19　单层线圈的密绕与间绕　　　　图2-20　多层线圈

（5）蜂房线圈。采用蜂房绕制方法，可以减少线圈的固有电容。所谓的蜂房式，就是将被绕制的导线以一定的偏转角（19°~26°）在骨架上缠绕，如图 2-21 所示。

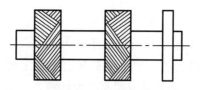

图2-21 蜂房线圈

（6）铁氧体磁芯和铁芯线圈。线圈的电感量大小与有无磁芯有关。在空芯线圈中插入铁氧体磁芯，可增加电感量和提高线圈的品质因数。加装磁芯后还可以减小线圈的体积，减少损耗和分布电容，如图 2-22 所示。

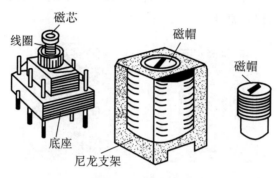

图2-22 磁芯线圈

（7）可变电感线圈。在有些场合需要对电感量进行调节，用以改变谐振频率或电路耦合的松紧。当需要电感值均匀改变时，可采用三种方法：①在线圈中插入磁芯或铁芯。②在线圈上安装一滑动的触点。③将两个线圈串联，均匀改变两线圈之间的相对位置，使互感量发生变化，从而使线圈的总电感量随之变化。可变电感线圈符号如图 2-23 所示。

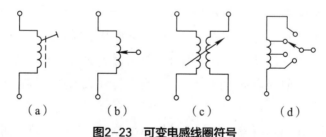

| （a） | （b） | （c） | （d） |

图2-23 可变电感线圈符号

（8）扼流圈（阻流圈）。低频扼流圈用于电源和音频滤波。它通常有很大的电感，可达几个亨到几十亨，对于交变电流具有很大的阻抗。扼流圈只有一个绕组，在绕组中对插硅钢片组成铁芯，硅钢片中留有气隙，可以减少磁饱和。扼流圈如图 2-24 所示。

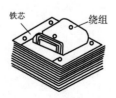

图2-24 扼流圈

4）电感器的检测

用万用表可以大致判断电感器的好坏，即用万用表测量电感器的阻值。将万用表置于 R×1 挡，测得的直流电阻为零或很小（零点几欧到几欧），说明电感器未断开；当测量的线圈电阻为无穷大时，表明线圈内部或引出线已经断开。在测量时要将线圈与外电路断开，以免因为外电路对线圈的并联作用而造成错误的判断。如果用万用表测得线圈的电阻远小于标称阻值，说明线圈内部有短路现象。

用数字万用表也可以对电感器进行通断测试。将数字万用表的量程开关拨到"通断蜂鸣"符号处，用红、黑表笔接触电感器的两端，如果阻值较小，表内蜂鸣器就会鸣叫，则表明该电感器可以正常使用。

拓展知识
变压器

视频链接
电感器的识别与检测

素养养成

（1）在进行色环电阻的识别过程中要一丝不苟、专心细致地识别电阻的标称阻值，时刻牢记"失之毫厘，谬以千里"的道理。识读色环电阻要认真，不能读差一个小数点，要清楚细致认真的重要性，具备科学严谨的态度。

（2）在进行电解电容的检测时，要认识到电解电容是有正负极之分的，在电路中，只有正负极接对了才能发挥应有的作用，也就好比人在工作中需要站好自己的岗位，要有相应的责任与担当。

（3）进行色环电感的识别时，要透过表象看本质。通过观察色环电感和色环电阻外表进行区分，认识到事物外表虽然一样但本质却有可能不同。

（4）在用万用表进行元器件质量检测时，应按照规范进行操作，养成良好的职业习惯，提高"遵守操作规范"的职业素养。

（5）在进行变压器的检测时，注意初、次级线圈的区分，能够独立对变压器的好坏进行判断，提高分析问题、解决问题的能力。

 **任务实现**

1.任务分组

任务工作单

组号：_____　姓名：_____　学号：_____　检索号：____2111-1____

班级		组号		指导教师	
组长		学号			
组员	序号	姓名		学号	
	1				
	2				
	3				
	4				
	5				
	6				
	7				
任务分工					

2.自主探学

组号：_____ 姓名：_____ 学号：_____ 检索号：____2112-1____

引导问题：

（1）色环电阻的颜色有哪 10 种？分别用数字几代表？

_____

（2）金色、银色在五环电阻中可否出现？可出现在第几位？表示什么？

_____

（3）五环电阻绿蓝黑金棕色的电阻值及允许偏差是多少？

_____

（4）电容都有哪些种类？

_____

（5）电解电容一般的外形及电极引线呈什么样的排列？

_____

（6）色环电感的外形与色环电阻的外形有什么不同？

_____

（7）色环电感颜色为棕绿黄金，其电感量及允许偏差为多少？

_____

（8）装配的收音机散件中色环电阻一共有多少个？

_____

（9）电位器的阻值变化有哪几种形式？每种形式适用于何种场合？

_____

（10）装配的收音机散件中电解电容都有哪几个？容量分别是多少？

_____

（11）装配的收音机散件中电感类元件都有哪些？

_____

任务工作单 2

组号：_____ 姓名：_____ 学号：_____ 检索号：2112-2

引导问题：

（1）R_1 100 kΩ、R_3 100 Ω、R_8 1 kΩ 的色环颜色分别是什么？

_____

（2）R_2 2 kΩ、R_4 20 kΩ、R_{12} 220 Ω 的色环颜色分别是什么？

_____

（3）如何用数字万用表测量小电容？

_____

（4）如何用万用表检测电感的好坏？

_____

（5）如何检测 W 电位器 NWD5 kΩ 的好坏？

_____

（6）编制识别检测收音机电阻、电容和电感的实施方案。

序号	操作要素	操作要领

3.合作研学

任务工作单

组号：_____ 姓名：_____ 学号：_____ 检索号：_____ 2113-1

引导问题：

（1）小组交流讨论，教师参与，形成正确地识别检测收音机电阻、电容和电感的实施方案。

序号	操作要素	操作要领

（2）记录自己存在的不足。

_____

4.展示赏学

任务工作单

组号：_____ 姓名：_____ 学号：_____ 检索号：_____ 2114-1

引导问题：

（1）每小组推荐一位小组长，汇报识别检测收音机电阻、电容和电感的实施方案，借鉴每组经验，进一步优化方案。

序号	操作要素	操作要领

（2）检讨自己的不足。

_____

5.任务实施

组号：_____ 姓名：_____ 学号：_____ 检索号：____2115-1____

引导问题：

（1）按照识别检测收音机电阻、电容和电感的实施方案，对收音机散件进行元件分类识别与检测，并记录实施过程。

案例详解
收音机元件识别检测
实施步骤

工艺要素	工艺要领	备注

（2）对比分析收音机元件识别检测实施步骤，并填写下表。

工艺要领	实际要领	是否有问题	原因分析

6.任务评价

评价反馈
子任务 2.1.1 评价表

（1）个人自评。

（2）小组内互评。

（3）小组间互评。

（4）教师评价。

子任务2.1.2 二极管、三极管识别与检测

任务描述

（1）根据所给的调幅收音机散件（见图 2-1），从中识别出各种元器件并进行归类，再根据元器件上标识的主要参数，对应材料清单进行正确归位，把元器件固定在材料清单的相应位置上。调幅收音机材料清单如表 2-1 所示。

（2）用万用表对元器件进行质量检测，判断元器件质量是否符合技术指标要求。

学习目标

知识目标
（1）掌握半导体二极管的种类、作用、命名、标识方法与检测方法。
（2）掌握半导体三极管的种类、作用、命名、标识方法与检测方法。

能力目标
能够用万用表对常见二极管、三极管进行正确测量，并对其质量做出正确评价。

素养目标
（1）提高辩证思维的能力。
（2）形成严谨的科学态度。

重点与难点

重点：三极管的识别与检测。

难点：三极管三个极的极性判别及三极管放大倍数的测量。

知识准备

1. 二极管的识别与检测

一个 PN 结加上外壳就构成了一个半导体二极管，半导体二极管具有单向导电性，主要作用是整流、检波和直流稳压。

1）半导体二极管的分类

（1）按材料分可分为锗二极管和硅二极管。锗管比硅管正向压降低（锗管 0.2~0.3 V，硅管 0.5~0.7 V）。

（2）按照结构分可分为点接触型二极管、面接触型二极管和硅平面开关管三类。点接触型二极管的结电容小，正向电流和允许加的反向电压小，常用于检波、变频等电路。面接触型二极管的 PN 结的接触面积大，结电容比较大，不适合在高频电路中使用，但它可以通过较大的正向电流和加较大的反向电压，多用于频率较低的整流电路。硅平面开关管是一种较新的管型，结面积较大时，可以通过较大的电流，适用于大功率整流；结面积较小时，适用于在脉冲数字电路中作开关管。

（3）按特性分可分为普通二极管（整流二极管、检波二极管、稳压二极管、恒流二极管和开关二极管等）、特殊二极管（微波二极管、变容二极管、雪崩二极管、隧道二极管和 PIN 管等）、敏感二极管（光敏二极管、热敏二极管、压敏二极管和磁敏二极管）和发光二极管。

常用半导体二极管的符号与外形如图 2-25 所示。

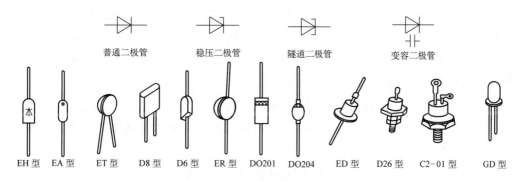

图2-25 常用二极管的符号与外形

2）半导体二极管的命名方法

我国对半导体元器件型号进行统一命名。国产二极管的命名由 5 部分组成，如图 2-26 所示。其中第二、三部分各字母含义如表 2-8 所示。

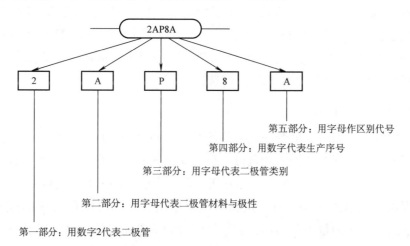

图2-26 二极管的命名方法

表2-8 二极管第二、三部分各字母含义

第二部分		第三部分			
字母	意义	字母	意义	字母	意义
A	N型锗材料	P	普通二极管	S	隧道二极管
B	P型锗材料	W	稳压二极管	U	光电二极管
C	N型硅材料	Z	整流二极管	N	阻尼二极管
D	P型硅材料	K	开关二极管	L	整流堆

例如，某二极管的标号为2CW15，其含义为N型硅材料稳压二极管，序号为15；再如某二极管的标号为2BS21，其含义为P型锗材料隧道二极管，序号为21。

3）常用二极管

（1）整流二极管。整流二极管用于整流电路，即把交流电变换成脉动的直流电。整流二极管为面接触型二极管，其结电容较大，因此工作频率范围较窄（3 kHz以内）。整流二极管常用的型号有2CZ型、2DZ型等，还有用于高压和高频整流电路的高压整流堆，如2CGL型、DH26型和2CL51型等。

（2）检波二极管。它的主要作用是把高频信号中的低频信号检出，检波二极管为点接触型二极管，其结电容小，一般为锗管。检波二极管常采用玻璃外壳封装，主要型号有2AP型和1N4148（国外型号）等。

（3）稳压二极管，也叫稳压管。它是用特殊工艺制造的面结型硅半导体二极管，其特点是工作于反向击穿区，能够实现稳压。它被反向击穿后，当外加电压减小或消失时，PN结能自动恢复而不会损坏。稳压管主要用于电路的稳压环节和直流电源电路中，常用的型号有2CW型和2DW型。

（4）变容二极管。变容二极管是利用外加电压可以改变二极管的空间电荷区宽度，从而改变电容量大小的特性而制成的非线性电容元件。反向电压越大，PN结的绝缘层加宽，其结电容越小。如2CB14型变容二极管，当反向电压在3~25 V区间变化时，其结电容在20~30 pF之间变化。它主要在高频电路中用于自动调谐、调频和调相等，如在彩色电视机的高频头中用于电视频道的选择。

4）二极管极性的识别

（1）根据标志识别。二极管外壳上均印有型号和标记，标记方法有箭头、色点、色环三种。箭头所指方向为二极管的负极，另一端为正极；有白色标志线一端为负极，另一端为正极；一般印有红色点的一端为正极，印有白色点的一端为负极。

（2）根据正反电阻识别。直接用指针式万用表R×100 Ω或R×1 kΩ挡测量二极管的直流电阻。如果测量阻值很小，表示二极管处于正向连接，黑表笔所接为二极管正极（黑表笔与万用表内电池正极相连），而红表笔所接为二极管负极。如果测量阻值很大，则红表笔所接为二极管正极，黑表笔所接为二极管负极。若两次测量的阻值都很大或很小，则表明二极管已损坏。

用数字万用表测量，选择二极管测量挡，红表笔与万用表内电池正极相连。正向压降小，反向溢出显示 1。

5）二极管的检测

（1）普通二极管的测量。

①好坏的判断。指针式万用表置于 R×100 Ω 或 R×1 kΩ 挡，黑表笔接二极管正极，红表笔接二极管负极，这时正向电阻的阻值一般应在几十欧到几百欧之间。当红黑表笔对调后，反向电阻的阻值应在几百千欧以上，则可初步判定该二极管是好的。

视频链接
二极管的识别与检测

如果测量结果阻值都很小，接近零欧姆时，说明二极管内部 PN 结已击穿或已短路。如果阻值均很大，接近无穷大，则说明二极管内部已断路。

用数字万用表测量，选择二极管测量挡，正向压降小，反向溢出正常。

②硅管和锗管的判断。若不知被测的二极管是硅管还是锗管，可根据硅、锗管的导通压降的不同来判别。将二极管接在电路中，当其导通时，用万用表测量其正向压降，如为 0.6~0.7 V，即为硅管；如为 0.1~0.3 V，即为锗管。

（2）稳压管的测试。

①极性的判别。与上述普通二极管的判别方法相同。

②检查好坏。万用表置于 R×10 kΩ 挡，黑表笔接稳压管的"－"极，红表笔接"＋"极，若此时的反向电阻很小（与使用 R×1 kΩ 挡时的测量值相比校），说明该稳压管正常。因为万用表 R×10 kΩ 挡的内部电压都在 9 V 以上，可达到被测稳压管的击穿电压，使其阻值大大减小。

2.三极管的识别与检测

三极管常称晶体管，三极管由两个 PN 结组成。三个电极分别为发射极、基极、集电极。发射极、基极之间为发射结（E 结），集电极、基极之间为集电结（C 结）。三极管主要作为放大元件、电子开关和控制器件使用。

1）三极管的分类

三极管的种类很多，按材料可分为锗三极管、硅三极管；按 PN 结组合方式可分为 NPN 三极管、PNP 三极管；按结构可分为点接触型和面结合型三极管；按工作频率可分为高频管（$fa > 3$ MHz）、低频管（$fa < 3$ MHz）；按功率可分为大功率管（$Pc > 1$ W）、中功率管（Pc 在 0.7~1 W）、小功率管（$Pc < 0.7$ W）。常见三极管的外形和封装形式如图 2-27 所示。

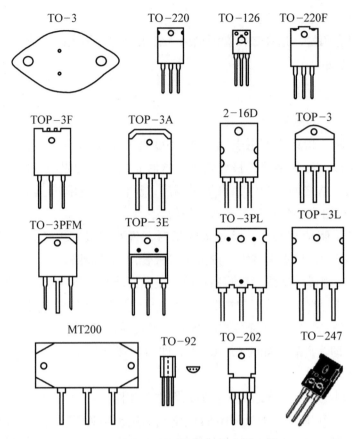

图2-27　常见三极管的外形和封装形式

2）三极管的命名方法

国产普通三极管的型号命名由五部分组成：第一部分用数字 3 表示主称三极管；第二部分用字母表示三极管的材料和极性；第三部分用字母表示三极管的类别；第四部分用数字表示同一类型产品的序号；第五部分用字母表示规格号。三极管第二、三部分各字母的含义如表 2-9 所示。

表2-9　三极管第二、三部分各字母含义

第二部分		第三部分	
字母	意义	字母	意义
A	PNP型锗材料	X	低频小功率三极管（$fa<3\,\mathrm{MHz}$，$Pc<1\,\mathrm{W}$）
B	NPN型锗材料	G	高频小功率三极管（$fa\geqslant3\,\mathrm{MHz}$，$Pc<1\,\mathrm{W}$）
C	PNP型硅材料	D	低频大功率三极管（$fa<3\,\mathrm{MHz}$，$Pc\geqslant1\,\mathrm{W}$）
D	NPN型硅材料	A	高频大功率三极管（$fa\geqslant3\,\mathrm{MHz}$，$Pc\geqslant1\,\mathrm{W}$）
		K	开关三极管

例如，某三极管标号为 3DG6，表示 NPN 型硅材料高频小功率三极管，序号为 6；又如某三极管标号为 3CX701A，其含义为 PNP 型硅材料低频小功率三极管，序号为

701，A 是区别代号。

3）常见三极管

（1）塑料封装大功率三极管。塑料封装大功率三极管（见图 2-28）的体积大，输出功率也较大，用来对信号进行功率放大时，要放置散热片。

（2）金属封装大功率三极管。金属封装大功率三极管（见图 2-29）的体积较大，金属外壳本身就是一个散热部件。这种封装形式的三极管只有基极和发射极两根引脚，集电极就是三极管的金属外壳。

图2-28　塑料封装大功率三极管　　**图2-29　金属封装大功率三极管**

（3）塑料封装小功率三极管。三根引脚的分布规律有多种，塑料封装小功率三极管及其引脚分布规律如图 2-30 所示。

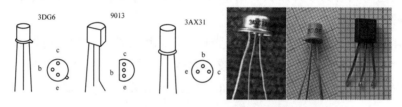

图2-30　塑料封装小功率三极管及其引脚分布规律

有些三极管的壳顶上标有色点，作为电流放大倍数的色点标志，为选用三极管带来了很大的方便。其分挡标志如下。

棕 0~15、红 15~25、橙 25~40、黄 40~55、绿 55~80、蓝 80~120、紫 120~180、灰 180~270、白 270~400、黑 400~600。

常用小功率三极管与国内型号代换如表 2-10 所示。

表2-10　常用小功率三极管与国内型号代换表

型号	材料与极性	f_T/MHz	国内代换
9011	硅NPN	370	3DG112
9012	硅PNP	—	3CK10B
9013	硅NPN	—	3DK4B
9014	硅NPN	270	3DG6
9015	硅PNP	190	3CG6
9016	硅NPN	620	3DG12

型号	材料与极性	f_T/MHz	国内代换
9018	硅NPN	1 100	3DG82A
8050	硅NPN	190	3DK30B
8550	NPN	200	3CK30B

4）三极管的检测

常用的小功率管有金属外壳封装和塑料封装两种，可直接观测出三个电极 e、b、c。但仍需进一步判断管型和管子的好坏。一般可用万用表的 R×100 Ω 和 R×1 kΩ 挡来进行判别。三极管管脚的识别如下。

（1）根据管脚排列规律进行识别。

① 等腰三角形排列，识别时将管脚向上，使三角形正好在上半个圆内，从左角起按顺时针分别为 e、b、c。

② 在管壳外延上有一个突出部，由此突出部按顺时针方向分别为 e、b、c。

③ 个别超高频管为 4 脚，从突出部按顺时针方向分别为 e、b、c、d。d 与管壳相通，用于高频屏蔽。

④ 管脚为等距一字形排列时，从外壳色点标志起，按顺时针分别为 c、b、e。管脚为非等距一字形排列时，管脚之间距离较远的第一只脚为 c，接下来是 b、e。

⑤ 若外壳为半圆形状，管脚为一字形排列，则切面向上，管脚向里，从左到右依次为 e、b、c。

⑥ 大功率管两个引脚为 b、e，c 是基面。

各引脚示意图如图 2-31 所示。

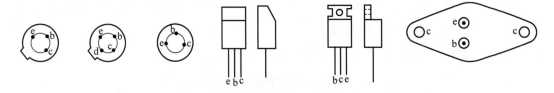

图2-31 三极管引脚排列

（2）利用万用表进行识别。

① 基极与管型的判别。将万用表置于 R×100 Ω 或 R×1 kΩ 挡，黑表笔任接一极，红表笔分别依次接另外两极。若在两次测量中表针均偏转很大（说明管子的 PN 结已通，电阻较小），则黑表笔接的电极为 b 极，同时该管为 NPN 型；反之，将表笔对调（红表笔任接一极），重复以上操作，也可确定管子的 b 极，可知其管型为 PNP 型。

② 发射极 e 和集电极 c 的判别。一种方法就是若已判明三极管的基极和类型，任意设另外两个电极为 e、c 端。判别 c、e 时，以 PNP 型管为例，将万用表红表笔假设接 c

端，黑表笔接 e 端，用潮湿的手指捏住基极 b 和假设的集电极 c 端，但两极不能相碰，记下此时万用表欧姆挡读数；然后调换万用表红黑表笔，再将假设的 c、e 电极互换，重复上面步骤，比较两次测得的电阻大小。测得电阻小的那次，红表笔所接的引脚是集电极 c，另一端是发射极 e。如果是 NPN 型管，正好相反。另一种方法是用数字万用表的 hFE 挡，有放大倍数的对应的引脚是正确的，同时电流放大倍数 β 也测量出来了。

③ 管子好坏的判断。若在以上操作中无一电极满足上述现象，则说明管子已坏。也可用万用表的 hFE 挡来进行判别。当管型确定后，将三极管插入 NPN 或 PNP 插孔，将万用表置于 hFE 挡，若 hFE（β）值不正常（如为 0 或大于 300），则说明管子已坏。

难点讲解
三极管的识别与检测

拓展知识
各国半导体命名及
场效应管

素养养成

（1）在进行二极管的识别检测时，用万用表对二极管进行检测，判断其正负极。稳压二极管正偏和反偏应用的效果是不一样的，要有辩证的思维，能根据稳压二极管的作用理解一个人的社会责任与使命。

（2）在用万用表对三极管进行基极和管型的测量判断时，要具有严谨科学的态度，仔细认真地进行测量判断，要知其然并知其所以然。

任务实现 ///

1.任务分组

任务工作单

组号：_____ 姓名：_____ 学号：_____ 检索号：___2121-1___

班级		组号		指导教师	
组长		学号			
组员	序号	姓名		学号	
	1				
	2				
	3				
	4				
	5				
	6				
	7				
任务分工					

2.自主探学

任务工作单 1

组号：_____ 姓名：_____ 学号：_____ 检索号：__2122-1__

引导问题：

（1）半导体二极管的命名方法有哪些？

_____

_____

（2）写出下列二极管型号的含义。

①2CU52；②2BP102；③2CK5；④2DW8；⑤2AW18。

_____

_____

（3）如何用万用表判断二极管的好坏和电极？

_____

_____

（4）三极管的命名方法有哪些？

_____

_____

（5）常见三极管有哪些？

_____

_____

（6）写出下列三极管型号的含义。

①3BG201；②3CG15A；③3AA31；④3BG12；⑤3DD108。

_____

_____

（7）如何用万用表判断三极管的三个电极，检测方法有哪些？

_____

_____

（8）如何用万用表测量三极管的电流放大倍数？

_____

_____

任务工作单 2

组号：_____ 姓名：_____ 学号：_____ 检索号： __2122-2__

引导问题：

（1）收音机套件中二极管 D_1、D_2、D_3 的正负极如何分辨？测得的导通压降是多少？

_____

（2）收音机套件中三极管 V_1、V_2、V_3、V_4、V_5、V_6、V_7 的管型是什么？三个极的排列是怎样的？

_____

_____

（3）测得三极管 V_1、V_2、V_3、V_4、V_5、V_6、V_7 的电流放大倍数分别为多少？

_____

_____

（4）编制收音机二极管、三极管的识别与检测实施方案。

序号	操作要素	操作要领

3.合作研学

组号：_____　姓名：_____　学号：_____　检索号：_____ 2123-1

引导问题：

（1）小组交流讨论，教师参与，形成正确的收音机二极管、三极管的识别与检测实施方案。

序号	操作要素	操作要领

（2）记录自己存在的不足。

_____

4.展示赏学

组号：_____　姓名：_____　学号：_____　检索号：_____ 2124-1

引导问题：

（1）每小组推荐一位小组长，汇报收音机二极管、三极管的识别与检测实施方案，借鉴每组经验，进一步优化方案。

序号	操作要素	操作要领

（2）检讨自己的不足。

_____

5.任务实施

任务工作单

组号：_____ 姓名：_____ 学号：_____ 检索号：____2125-1____

案例详解
收音机器件识别与检测
实施步骤

引导问题：

（1）按照二极管、三极管的识别与检测实施方案，对二极管、三极管进行识别与检测，并记录实施过程。

操作要素	操作要领	备注

（2）对比分析收音机二极管、三极管的识别与检测过程，并记录分析过程。

工艺要领	实际要领	是否有问题	原因分析

6.任务评价

（1）个人自评。

（2）小组内互评。

（3）小组间互评。

（4）教师评价。

评价反馈
子任务 2.1.2 评价表

子任务2.1.3　电声器件识别与检测

 **任务描述** ///

（1）根据所给的调幅收音机散件（见图 2-1），从中识别出各种元器件并进行归类，再根据元器件上标识的主要参数，对应材料清单进行正确归位，把元器件固定在材料清单的相应位置上。调幅收音机材料清单如表 2-1 所示。

（2）用万用表对元器件进行质量检测，判断元器件质量是否符合技术指标要求。

学习目标 ///

知识目标

（1）掌握电声器件种类、作用和标识方法。

（2）掌握传声器和扬声器的检测方法。

能力目标

（1）能够用目视法对常见的电声器件进行识别，能正确说出器件的名称。

（2）能够正确识读扬声器上标识的主要参数，清楚该器件的作用和用途。

（3）能够用万用表对传声器和扬声器进行正确检测，并对其质量做出评价。

素养目标

（1）养成严谨的科学态度。

（2）提高逆向工程思维解决问题的能力。

重点与难点 ///

重点：电动式扬声器的检测。

难点：驻极体送话器的结构与检测及电动式扬声器的检测。

知识准备 ///

1.电声器件的识别与检测

电声器件通常是指能将音频电信号转换为声音信号或者将声音信号转换成音频电信号的转换器件。扬声器就是把音频电信号转变为声音信号的电声器件，而传声器则是把声音信号转变为音频电信号的电声器件。常用的电声器件有传声器、扬声器和耳机。

1）传声器（俗称话筒或麦克风）

传声器是把声音变成与之对应的电信号的一种电声器件。传声器又叫话筒，俗称麦克风（MIC）。传声器的功能是把声能转变成电信号。各种传声器示意图及符号如图2-32所示。

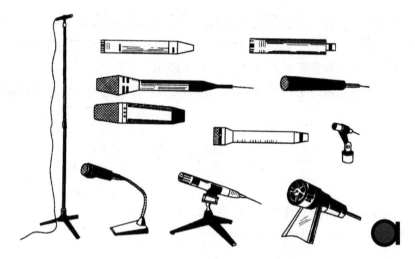

图2-32　各种传声器示意图及符号

传声器按换能方式和声学工作原理分为动圈式传声器、驻极体电容式传声器和压电陶瓷片传声器。以动圈式传声器和驻极体电容式传声器应用最广泛。

（1）动圈式传声器。动圈式传声器由永久磁铁、音圈、音膜和输出变压器等组成，其结构如图2-33所示。当声音传到传声器音膜后，声压使传声器的音膜振动，带动音圈在磁场里前后运动，音圈切割磁力线产生感应电动势，并把感受到的声音转换为电信号。输出变压器对电信号进行阻抗变换并实现输出匹配。这种话筒有低阻（200~600 Ω）和高阻（10~20 kΩ）两类，以阻抗600 Ω的最常用，频率响应一般在200~5 000 Hz。动圈式传声器的结构坚固，性能稳定，由于其频率响应特性好、噪声失真度小，在录音、演讲和娱乐场合中应用广泛。

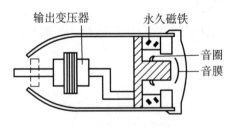

图2-33　动圈式传声器结构

（2）普通电容式传声器。普通电容式传声器由一固定电极和一振动膜组成，其结构与接线如图2-34所示。声压使振动膜振动引起电容量改变，电路中充电电流随之变化，此电流流经电阻后转换成电压输出。普通电容式话筒带有电源和放大器，给电容振动膜提供极化电压并将微弱的电信号放大。这种话筒的频率响应好，输出阻抗极高，但结构复杂、体积大，又需要供电系统，使用不够方便，适合在对音质要求高的固定录音室内使用。

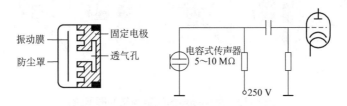

图2-34　普通电容式传声器的结构与接线

（3）驻极体电容式传声器。驻极体电容式传声器除了具有普通电容式传声器的优良性能以外，还因为驻极体振动膜不需要外加直流极化电压就能够永久保持表面的电荷，所以结构简单、体积小、重量轻、耐震动、价格低廉和使用方便，因而广泛应用于无线话筒及声控电路。但驻极体电容式传声器在高温高湿的工作条件下寿命较短。这种传声器的内部结构如图 2-35 所示。因为驻极体电容式传声器的输出阻抗很高，可能达到几十兆欧，所以传声器内一般用场效应管进行阻抗变换以便与音频放大电路相匹配。

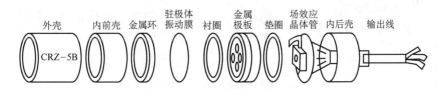

图2-35　驻极体电容式传声器的结构

驻极体电容式传声器的引极分为 2 个引极和 3 个引极两种，其引极如图 2-36 所示。

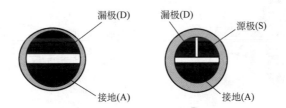

图2-36　驻极体电容式传声器的引极

驻极体电容式传声器的检测方法是将万用表置于欧姆挡，选取 R × 100 Ω 挡量程。红表笔接源极，黑表笔接另一端的漏极。对着传声器吹气，如果质量好，万用表的表针应摆动。比较同类传声器，摆动幅度越大，话筒灵敏度也越高。在吹气时表针不动或用劲吹气时指针才有微小摆动，则表明话筒已经失效或灵敏度很低。

2）**扬声器（喇叭）**

扬声器又称喇叭，是一种电声转换器件。它将模拟的话音电信号转化成声波，是收音机、电视机和音响设备中的重要元件。它的质量直接影响着音质和音响效果。扬声器的种类很多，现在多见的是电动式、励磁式和晶体压电式，图 2-37 是常见扬声器的结构与外形。

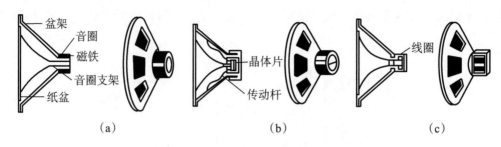

图2-37 常见扬声器的结构与外形示意

（a）电动式扬声器；（b）晶体式扬声器；（c）励磁式扬声器

（1）电动式扬声器。电动式扬声器是最常见的一种结构。电动式扬声器由纸盆、音圈、音圈支架、磁铁、盆架等组成。当音频电流通过音圈时，音圈产生随音频电流变化的磁场，这一变化磁场与永久磁铁的磁场发生相吸或相斥作用，使音圈产生机械运动并带动纸盆振动，从而发出声音。电动式扬声器的结构如图2-38所示。电动式扬声器频率响应范围宽，结构简单，经济，是使用最广泛的一种扬声器。

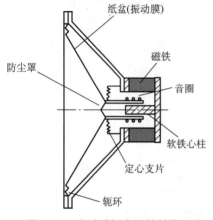

图2-38 电动式扬声器的结构示意

①号筒式扬声器。号筒式扬声器转换效率高、低频响应差，适用于广播。号筒式扬声器外形及结构如图2-39所示。

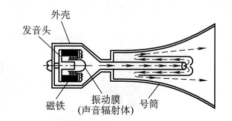

图2-39 号筒式扬声器外形及结构

②球顶扬声器。球顶扬声器是电动式扬声器的代表，用途最为广泛。球顶扬声器外形及结构如图2-40所示。

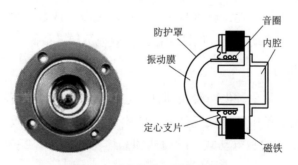

图2-40 球顶扬声器外形及结构

③平板扬声器。平板扬声器结构简单，应用也比较广泛。平板扬声器外形及结构如图 2-41 所示。

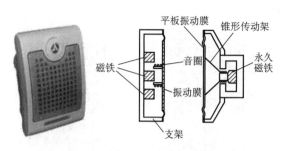

图2-41 平板扬声器外形及结构

（2）压电陶瓷扬声器。压电陶瓷扬声器也叫蜂鸣器，它由两块圆形金属片及其之间的压电陶瓷片构成。压电陶瓷片随两端所加交变电压而产生机械振动的性质叫作压电效应。为压电陶瓷片配上纸盆就能制成压电陶瓷扬声器。这种扬声器的特点是体积小、厚度薄和重量轻，但频率特性差、输出功率小，所以压电陶瓷蜂鸣器广泛应用于电子产品输出音频提示、报警信号，如电话、门铃和报警器电路中的发声器件。

（3）耳机和耳塞。常用的耳机或耳塞按结构来分有两类，一类是电磁式，另一类是动圈式。耳塞的体积微小，携带方便，一般应用在袖珍收、放音机中。耳机的音膜面积较大，能够还原的音域较宽，音质、音色更好一些，价格一般也比耳塞更贵。常用耳机和耳塞外形如图 2-42 所示。耳机的特点是耳机左、右声道的相互干扰小，其电声性能指标明显优于扬声器。耳机的输出声音信号的失真很小。耳机的使用不受场所、环境的影响。耳机的使用缺陷是长时间使用耳机收听，会造成耳鸣、耳痛的情况，只限于单人使用。

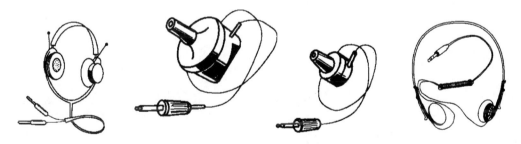

图2-42 常用耳机和耳塞外形

（4）扬声器的检测。

①估测扬声器阻抗。一般在扬声器磁体的标牌上都标有阻抗值。但有时也可能遇到标记不清或标记脱落的情况。一般电动扬声器的实测电阻值约为其标称阻抗的80%~90%，所以可将万用表置于 $R \times 1 \ \Omega$ 挡，测出扬声器音圈的直流电阻 R，然后用估算公式 $Z = 1.17R$ 即可估算出扬声器的阻抗。例如，测得一只无标记扬声器的直流电阻为6.8 Ω，则阻抗 $Z = 1.17 \times 6.8 \ \Omega = 8 \ \Omega$。

②判断好坏。将万用表置于 $R \times 1 \ \Omega$ 挡，把任意一只表笔与扬声器的任一引出端相

接，用另一支表笔断续触碰扬声器另一引出端。如果扬声器发出"喀喀"声，表针亦相应摆动，则说明扬声器是好的；如果触碰时扬声器不发声，表针也不摆动，则说明扬声器内部音圈断路或引线断裂。

视频链接
电声器件的识别与检测

拓展知识
各种特殊二极管

素养养成

（1）在进行驻极体送话器的识别时，注意 2 个引极和 3 个引极的送话器引极接线的区别，要对其进行仔细区分与辨别，要具有严谨科学的态度。

（2）在进行驻极体送话器和扬声器测量时，从声音转换成电信号和电信号转换成声音的过程的逆向性的现象，悟出逆向工程的科学思维，提高分析问题、解决问题的能力。

1.任务分组

任务工作单

组号：_____ 姓名：_____ 学号：_____ 检索号：__2131-1__

班级		组号		指导教师	
组长		学号			
组员	序号	姓名		学号	
	1				
	2				
	3				
	4				
	5				
任务分工					

2.自主探学

任务工作单 1

组号：_____ 姓名：_____ 学号：_____ 检索号：__2132-1__

引导问题：

（1）传声器按换能方式结构和声学工作原理分为哪几种？
_____

（2）驻极体电容式传声器的 2 个引极和 3 个引极分别叫什么？
_____

（3）如何用万用表检测驻极体传声器的质量？
_____

（4）电动式扬声器由哪几部分组成？
_____

（5）如何用万用表对扬声器进行检测？
_____

任务工作单 2

组号：_____ 姓名：_____ 学号：_____ 检索号：__2132-2__

引导问题：

（1）收音机采用的是什么类型的扬声器？

_____

_____

（2）收音机采用的扬声器的电阻和功率是多大的？

_____

_____

（3）对扬声器进行检测时，如果发出的声音很闷，可能出现了什么故障？

_____

_____

_____

（4）编制收音机扬声器的识别与检测实施方案。

序号	操作要素	操作要领

3.合作研学

组号：_____ 姓名：_____ 学号：_____ 检索号：__2133-1__

引导问题：

（1）小组交流讨论，教师参与，形成正确的收音机扬声器的识别与检测实施方案。

序号	操作要素	操作要领

（2）记录自己存在的不足。

4.展示赏学

组号：_____ 姓名：_____ 学号：_____ 检索号：__2134-1__

引导问题：

（1）每小组推荐一位小组长，汇报收音机扬声器的识别与检测实施方案，借鉴每组经验，进一步优化方案。

序号	操作要素	操作要领

（2）检讨自己的不足。

5.任务实施

任务工作单

组号：_____ 姓名：_____ 学号：_____ 检索号：____2135-1____

案例详解
电声器件识别与
检测实施步骤

引导问题：

（1）按照收音机扬声器的识别与检测实施方案，对扬声器进行识别与检测，并记录实施过程。

操作要素	操作要领	备注

（2）对比分析收音机扬声器的识别与检测，并记录分析过程。

操作要领	实际操作	是否有问题	原因分析

6.任务评价

（1）个人自评。

（2）小组内互评。

（3）小组间互评。

（4）教师评价。

评价反馈
子任务 2.1.3 评价表

子任务2.1.4　开关、接插件识别与检测

任务描述

（1）根据所给的调幅收音机散件（见图 2-1），从中识别出各种元器件并进行归类，再根据元器件上标识的主要参数，对应材料清单进行正确归位，把元器件固定在材料清单的相应位置上。调幅收音机材料清单如表 2-1 所示。

（2）用万用表对元器件进行质量检测，判断元器件质量是否符合技术指标要求。

学习目标

知识目标

（1）掌握开关件的种类和检测方法。

（2）掌握接插件的种类和检测方法。

能力目标

（1）能够用目视法对各种开关件进行识别，能正确说出开关的名称。

（2）能够用目视法对各种接插件进行识别，能正确说出接插件的名称。

（3）能够用万用表对常见开关件、接插件进行测量，并对其质量做出正确评价。

素养目标

（1）形成良好的沟通习惯。

（2）具备责任感和使命感。

重点与难点

重点：印制电路板组成要素。

难点：印制电路板的组成常用术语。

知识准备

1. 开关的识别与检测

开关在电子设备中做切断、接通或转换电路用，常用的各种开关的电路符号及外形如图 2-43 所示。

视频链接
开关的识别与检测

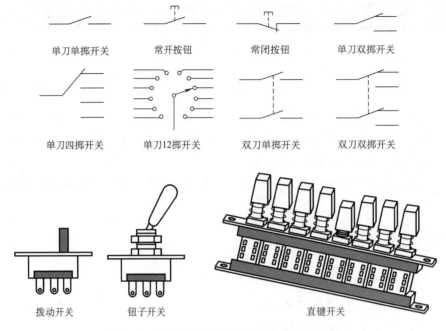

单刀单掷开关　常开按钮　常闭按钮　单刀双掷开关

单刀四掷开关　单刀12掷开关　双刀单掷开关　双刀双掷开关

拨动开关　钮子开关　直键开关

图2-43 常用的各种开关的电路符号及外形图

1）各种开关

（1）旋转式开关。

① 波段开关。波段开关如图 2-44 所示，分为大、中、小型三种。波段开关靠切入或咬合实现接触点的闭合，可有多刀位、多层型的组合。波段开关的绝缘基体有纸质、瓷质或环氧树脂玻璃布板等几种。旋转波段开关的中轴带动各层的接触点联动，使接触点同时接通或切断电路。波段开关的额定工作电流一般为 0.05~0.3 A，额定工作电压为 50~300 V。

② 刷形开关。刷形开关如图 2-45 所示，靠多层簧片实现接触点的摩擦接触，额定工作电流可达 1 A 以上，也可分为多刀位、多层型的不同组合。

（2）按动式开关。

① 按钮开关。按钮开关如图 2-46 所示，分为大、小型，形状多为圆柱体或长方体。其结构主要有簧片式、组合式、带指示灯和不带指示灯等几种。按下或松开按钮开关，电路则接通或断开。按钮开关常用于控制电子设备中的电源或交流接触器。

图2-44 波段开关　**图2-45 刷形开关**　**图2-46 按钮开关**

② 键盘开关。键盘开关如图 2-47 所示，多用于计算机（或计算器）中数字式电信号的快速通断。键盘有数码键、字母键、符号键及功能键，或是它们的组合。触点的接触形式有簧片式、导电橡胶式和电容式等多种。

③ 直键开关。直键开关俗称琴键开关，属于摩擦接触式开关，有单键的，也有多键的，如图 2-48 所示。每一键的触点个数均是偶数（即二刀、四刀……，以至十二刀）。键位状态可以锁定的，可以是无锁的；可以是自锁的；也可以是互锁的（当某一键按下时，其他键就会弹开复位）。

④ 波形开关。波形开关俗称船形开关，其结构与钮子开关相同，只是把扳动方式的钮柄换成波形，如图 2-49 所示。波形开关常用作设备的电源开关。其触点分为单刀双掷和双刀双掷两种，有些开关带有指示灯。

图2-47　键盘开关

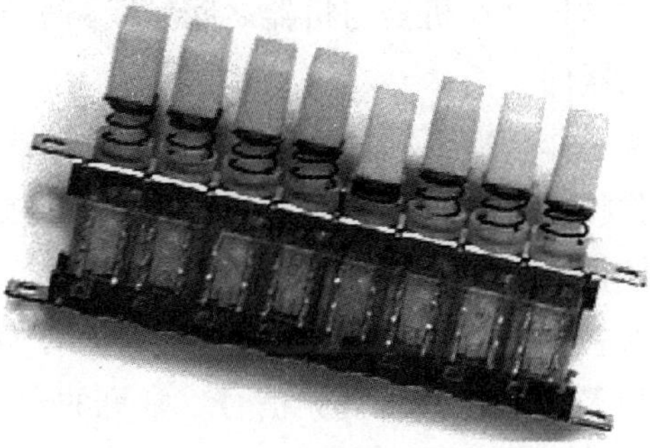

图2-48　直键开关

图2-49　波形开关

（3）拨动式开关。

① 钮子开关。钮子开关如图 2-50 所示，是电子设备中最常用的一种开关，有大、中、小型和超小型四种，触点有单刀、双刀及三刀三种，接通状态有单掷和双掷两种，额定工作电压一般为 250 V，额定工作电流为 0.5~5 A。

② 拨动开关。拨动开关如图 2-51 所示，一般是水平滑动式换位，切入咬合式接触，常用于计算器、收音机等民用电子产品中。

图2-50　钮子开关

图2-51　拨动开关

2）开关件的检测

（1）机械开关的检测。使用万用表的欧姆挡对开关的绝缘电阻和接触电阻进行测量。若测得绝缘电阻小于几百千欧时，说明此开关存在漏电现象；若测得接触电阻大于 0.5 Ω，说明该开关存在接触不良的故障。

（2）电磁开关的检测。使用万用表的欧姆挡对开关的线圈电阻、开关的绝缘电阻和接触电阻进行测量。开关的线圈电阻一般在几十欧至几千欧之间，其绝缘电阻和接触电阻与机械开关基本相同。

（3）电子开关的检测。通过检测二极管的单向导电性和三极管的好坏来初步判断电子开关的好坏。

2.接插件的识别与检测

1）接插件的识别

接插件又称连接器，它是用来在机器与机器之间、线路板与线路板之间和器件与电路板之间进行电气连接的元器件。

接插件的种类很多，按工作频率不同分为低频接插件和高频接插件；按照外形结构特征来分，常见的有音视频接插件、直流电源接插件、圆形接插件、矩形接插件、印制板接插件、同轴接插件和带状电缆接插件等。

（1）音视频接插件。音视频接插件也称 AV 连接器，用于连接各种音响设备、摄录像设备和视频播放设备，以及传输音频、视频信号。常见的音视频接插件有耳机 / 话筒插头、插座和莲花插头、插座。

耳机 / 话筒插头、插座比较小巧，用来连接便携式、袖珍型音响电子产品，如图 2-52（a）所示。插头直径 φ2.5 的用于微型收录机耳机；φ3.5 的用于计算机多媒体系统输入 / 输出音频信号；φ6.35 的用于台式音响设备，大多是话筒插头。这种接插件的额定电压为 30 V，额定电流为 30 mA，不宜用来连接电源。一般使用屏蔽线作为音频信号线与插头连接，屏蔽线可以传送单声道或双声道信号。

莲花插头、插座也叫同心连接器，它的尺寸要大一些，如图 2-52（b）所示。插座常被安装在声像设备的后面板上，插头用屏蔽线连接，屏蔽线可以传输音频和视频信号。选用视频屏蔽线要注意导线的传输阻抗要与设备的传输阻抗相匹配。这种接插件的额定电压为 50 V（AC），额定电流为 0.5 A，插拔次数约为 100 次。

（a）　　　　　　　　　　　　　　　　（b）

图2-52　音视频接插件

（2）直流电源接插件。如图 2-53 所示，直流电源接插件用于连接小型电子产品的便携式直流电源。例如"随身听"收录机的小电源和笔记本电脑的电源适配器都是使用这类接插件。插头的额定电流一般在 2~5 A，尺寸有三种规格，外圆直径 × 内孔直径为 3.4×1.3、5.5×2.1、5.5×2.5（mm）。

图2-53　直流电源接插件

（3）圆形接插件。圆形接插件的插头具有圆筒状外形，插座焊接在印制电路板上或紧固在金属机箱上，插头与插座之间有插接和螺接两种连接方式，广泛用于系统内各种设备之间的电气连接。插接方式的圆形接插件用于插拔次数较多、连接点数少且电流不超过 1 A 的电路连接，常见的台式计算机键盘、鼠标插头（PS/2 端口）就属于这一种。螺接方式的圆形接插件俗称航空插头、插座，如图 2-54 所示。它有一个标准的螺旋锁紧机构，它的特点是连接点多、插拔力较大、连通电流大、连接较方便和抗振性极好，容易实现防水密封及电磁屏蔽等特殊要求。

图2-54　圆形接插件

（4）矩形接插件。矩形接插件如图 2-55 所示。矩形接插件的体积较大，电流容量也较大，并且矩形排列能够充分利用空间，所以这种接插件被广泛用于印刷电路板上安培级电流信号的互相连接。有些矩形接插件带有金属外壳及锁紧装置，可以用于机外的电缆之间、电路板与面板之间的电气连接。

（5）印制板接插件。印制板接插件如图 2-56 所示，用于印制电路板之间的直接连接，外形是长条形，结构有直接型、绕接型和间接型等形式。插头由印制电路板（子板）边缘上镀金的排状铜箔条（俗称"金手指"）构成；插座焊接在母板上。将子电路板上的插头插入"母"电路板上的插座，就连接了两个电路。印制板插座的型号很多，主要规格有排数（单排、双排）、针数（引线数目，从 7 线到近 200 线不等）、针间距（相邻连接点簧片之间的距离）以及有无定位装置、有无锁定装置等。从台式计算机的主板上最容易见到符合不同的总线规范的印制板插座，用户选择的显卡、声卡等就是通过这种插座与主板实现连接的。

图2-55　矩形接插件

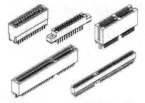
图2-56　印制板接插件

（6）同轴接插件。同轴接插件又叫做射频接插件或微波接插件，用于传输射频信号、数字信号的同轴电缆之间的连接，工作频率可达到数千 MHz 以上，如图 2-57 所示。Q9 型卡口式同轴接插件常用于示波器的探头电缆连接。

图2-57　同轴接插件

（7）带状电缆接插件。带状电缆是一种扁平电缆，从外观上看像是由几十根塑料导线并排黏合在一起的。带状电缆占用空间小，轻巧柔韧，布线方便，不易混淆。带状电缆插头是电缆两端的连接器，它与电缆的连接不用焊接，而是靠压力使连接端内的刀口刺破电缆的绝缘层实现电气连接，这种工艺简单可靠，如图 2-58 所示。带状电缆接插件的插座部分直接装配焊接在印制电路板上。

带状电缆接插件用于低电压、小电流的场合，能够可靠地同时传输几路到几十路数字信号，但不适合用在高频电路中。在高密度的印制电路板之间已经越来越多地使用带状电缆接插件，特别是在微型计算机中，主板与硬盘、

图2-58　带状电缆接插件

软盘驱动器等外部设备之间的电气连接绝大部分都使用这种接插件。

（8）插针式接插件。插针式接插件常见的有两类，如图 2-59 所示。图 2-59（a）为民用消费电子产品常用的插针式接插件，插座可以装配焊接在印制电路板上，插头压接（或焊接）导线，连接印制电路板外部的电气部件。例如，电视机里可以使用这种接插件连接开关电源、偏转线圈和视放输出电路。图 2-59（b）所示接插件常用于数字电路，插头、插座分别装焊在两块印制电路板上，用来连接两块印制电路板。这种接插件比标准的印制电路板体积小，连接方式更加灵活。

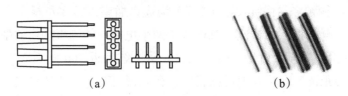

（a）　　　　　　　　　　　　　　（b）

图2-59　插针式接插件

（a）民用电子产品常用式；（b）数字电路常用式

（9）D形接插件。这种接插件的端面很像字母 D，具有非对称定位和连接锁紧机构，如图 2-60 所示。D 型接插件常见的连接点数有 9、15、25、37 等几种，连接可靠，定位准确，用于电器设备之间的连接。典型的应用有计算机的 RS-232 串行数据接口和 LPT 并行数据接口（打印机接口）。

（10）条形接插件。条形接插件如图 2-61 所示，广泛用于印制电路板与导线的连接。条形接插件的插针间距有 2.54 mm（额定电流 1.2A）和 3.96 mm（额定电流 3 A）两种，工作电压为 250 V，接触电阻约为 0.01 Ω。插座焊接在印制电路板上，导线压接在插头上，压接质量对连接可靠性的影响很大。这种接插件可保证的插拔次数约为 30 次。

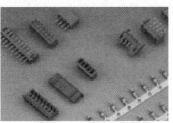

图2-60　D形接插件　　　　图2-61　条形接插件

2）接插件的检测

对接插件的检测，一般采用外表直观检查和万用表测量检查两种方法。通常的做法是先进行外表直观检查，看有无机械损坏和变形；然后再用万用表进行检测，主要是检测接触点的电气连接是否可靠，接触点的表面是否清洁，有无断路和短路现象。

小测试

本教材含测试程序：
印制电路板的组成
常用术语。

拓展知识
继电器

视频链接
接插件的识别与检测

素养养成

（1）在进行开关知识学习时，通过开关的接通和关断作用，要知道每个人都有自己的责任和使命，要清楚自己的岗位职责，站好自己的岗位，增强责任感和使命感。

（2）在进行接插件的识别时，从接通和连通的电气特性领悟与人沟通的重要性，在进行任务时，小组成员之间要相互配合，能够与小组成员进行良好的沟通。

1.任务分组

任务工作单

组号：_____　　姓名：_____　　学号：_____　　检索号：__2141-1__

班级		组号		指导教师	
组长		学号			
组员	序号	姓名		学号	
	1				
	2				
	3				
	4				
	5				
任务分工					

2.自主探学

任务工作单 1

组号：_____　　姓名：_____　　学号：_____　　检索号：__2142-1__

引导问题：

（1）常用的开关都有哪些种类？
_____

（2）常用的接插件都有哪些种类？
_____

（3）怎样用万用表对常见开关进行正确测量，并对其质量做出正确评价？
_____

（4）如何对常用接插件质量做出正确评价？
_____

（5）一块完整的印制电路板都有哪些组成术语？
_____

组号：_____ 姓名：_____ 学号：_____ 检索号：___2142-2___

引导问题：

（1）收音机中的开关是由什么元件来完成的？它可以干什么用？怎样对其进行检测？

_____

_____

（2）收音机的接插件是什么？怎样对其进行检测？

_____

_____

（3）描述一下收音机印制电路板的元件面和焊接面分别是哪一面？

_____

_____

（4）编制开关接插件印制电路板的识别与检测实施方案。

序号	操作要素	操作要领

3.合作研学

任务工作单

组号：_____ 姓名：_____ 学号：_____ 检索号：_____ 2143-1

引导问题：

（1）小组交流讨论，教师参与，形成正确的开关接插件印制电路板的识别与检测实施方案。

序号	操作要素	操作要领

（2）记录自己存在的不足。

_____

4.展示赏学

任务工作单

组号：_____ 姓名：_____ 学号：_____ 检索号：_____ 2144-1

引导问题：

（1）每小组推荐一位小组长，汇报开关接插件印制电路板的识别与检测实施方案，借鉴每组经验，进一步优化方案。

序号	操作要素	操作要领

（2）检讨自己的不足。

_____

5.任务实施

任务工作单

组号：_____ 姓名：_____ 学号：_____ 检索号：___2145-1___

案例详解
收音机开关、接插件、印制电
路板的识别与检测实施步骤

引导问题：

（1）按照开关接插件印制电路板的识别与检测实施方案，对开关、接插件、印制电路板进行识别与检测，并记录实施过程。

操作要素	操作要领	备注

（2）对比分析收音机开关、接插件、印制电路板的识别与检测实施步骤，并记录分析过程。

操作要领	实际操作	是否有问题	原因分析

6.任务评价

评价反馈
子任务 2.1.4 评价表

（1）个人自评。

（2）小组内互评。

（3）小组间互评。

（4）教师评价。

任务2.2　通孔插装元器件电子产品手工装配焊接

子任务2.2.1　常用焊接材料与工具认识

任务描述

要完成通孔插装元器件电路板手工装配焊接工作，就要了解和掌握常用的焊接材料有哪些，装配焊接的工具都有什么工具。本任务是让大家认识常用的焊接材料包括哪些材料，并了解这些材料都有什么作用、都是怎么用的，以及焊接工具都有什么样的种类、如何选用和怎样进行工具的准备。

学习目标

知识目标

（1）掌握常用焊接材料的种类、特点。

（2）掌握常用焊接工具的种类、特点。

能力目标

（1）认识焊接材料，认识常用焊接工具。

（2）能正确选择手工焊接工具和焊料。

（3）能遵守焊接安全操作规范，能够对电烙铁进行检查，能够对烙铁头进行正确处理。

素养目标

（1）养成勤于思考、做事认真的良好习惯。

（2）具有较好解决问题、制定工作计划的能力。

（3）遵守工艺规范，具有质量意识、安全意识、环保意识。

重点与难点

重点：电烙铁的选用与检查。

难点：烙铁头的修整与镀锡。

知识准备

1.常用焊接材料

焊接材料包括焊料（焊锡）和焊剂（助焊剂与阻焊剂）。

1）焊料

焊料是易熔金属，熔点应低于被焊金属。焊料熔化时，在被焊金属表面形成合金与被焊金属连接在一起。

焊料按成分可分为锡铅焊料、银焊料和铜焊料等。在一般电子产品装配中，主要采用锡铅焊料，俗称焊锡。

（1）常用焊料的作用。

把被焊物连接起来，使电路构成一个通路。

（2）常用焊料需要具备的条件。

①焊料的熔点要低于被焊工件。

②易与被焊物连成一体，具有一定的抗压能力。

③有良好的导电性能。

④有较快的结晶速度。

（3）常用焊料的种类。

①锡铅焊料。在锡焊工艺中常用的是铅与锡以不同比例融合形成的锡铅合金焊料，这类焊料具有一系列铅和锡不具备的优点。

a. 熔点低，易焊接，各种不同成分的锡铅焊料熔点均低于锡和铅的熔点，有利于焊接。

b. 机械强度高，焊料的各种机械强度均优于纯锡和纯铅。

c. 表面张力小，黏度下降，增大了液态流动性，有利于焊接时形成可靠接头。

d. 抗氧化性好，使焊料在熔化时减小氧化量。

②共晶焊锡。共晶焊锡的锡铅含量为锡 61.9%、铅 38.1%，又称共晶合金。它的熔点最低，为 183 ℃，是锡铅焊料中性能最好的一种，它有如下特点。

a. 低熔点，使焊接时加热温度降低，可防止元器件损坏。

b. 熔点和凝固点一致，可使焊点快速凝固，不会因半熔状态时间的间隔造成焊点结晶疏松、强度降低等问题。

c. 流动性好，表面张力小，有利于提高焊点质量。

d. 强度高，导电性好。

（4）常用焊料的形状。

在手工电烙铁焊接中，一般使用管状焊锡丝。它是将焊锡制成管状，在其内部添加助焊剂制成的。助焊剂常由优质松香添加一定活化剂制成。焊料成分一般是含锡量 60%~65% 的锡铅焊料。焊锡丝直径有 0.5 mm、0.8 mm、0.9 mm、1.0 mm、1.2 mm、1.5 mm、2.0 mm、2.3 mm、2.5 mm、3.0 mm、4.0 mm 和 5.0 mm 等多种，如图 2-62 所示。

图2-62 管状焊锡丝

2）助焊剂

（1）助焊剂的作用。

①除去氧化膜。助焊剂中的氯化物、酸类与氧化物发生还原反应，从而除去氧化

膜，使金属与焊料之间良好接合。

②防止加热时焊接面氧化。助焊剂在熔化后，悬浮在焊料表面，形成隔离层，防止了焊接面的氧化。

③减小表面张力。助焊剂可以增加焊锡流动性，有助于焊锡浸润。

④使焊点美观。合适的助焊剂能够整理焊点形状，保持焊点表面光泽。

（2）常用助焊剂需要具备的条件。

①熔点低于焊料熔点。在焊料熔化之前，助焊剂就应熔化。

②表面张力、黏度和比重均应小于焊料。助焊剂表面张力必须小于焊料，因为它要先于焊料在金属表面扩散浸润。

③残渣容易清除。助焊剂或多或少都带有酸性，如不清除，就会腐蚀母材，同时也影响美观。

④不能腐蚀母材。酸性强的助焊剂，不单单清除氧化层，还会腐蚀母材金属，成为发生二次故障的潜在原因。

⑤不会产生有毒气体和臭味。从安全卫生角度讲，应避免使用毒性强或会产生臭味的化学物质。

（3）常用助焊剂。

在电子产品中，使用的最多、最普遍的是以松香为主体的树脂系列助焊剂。松香助焊剂属于天然产物。

在使用过程中通常将松香溶于酒精中制成"松香水"，松香同酒精的比例一般为1∶3为宜；也可根据使用经验增减两者比例，但松香不能过浓，否则流动性能会变差。

（4）使用助焊剂的注意事项。

常用的松香助焊剂在超过60℃时，绝缘性能会下降，焊接后的残渣对发热元器件有较大的危害，所以要在焊接后清除焊剂残留物。另外，存放时间过长的助焊剂不宜使用。因为助焊剂存放时间过长时，其成分会发生变化，导致活性变差，影响焊接质量。

3）阻焊剂

在焊接时，尤其是在浸焊和波峰焊中，为提高焊接质量，需采用耐高温的阻焊涂料，使焊料只在需要的焊点上进行焊接，而把不需要焊接的部位保护起来，起到一定的阻焊作用。这种阻焊涂料称为阻焊剂。

（1）阻焊剂的主要功能。

①防止桥接、拉尖、短路以及虚焊等情况的发生，提高焊接质量，降低印制电路板的返修率。

②印制电路板面被阻焊剂所涂覆，焊接时受到的热冲击小，降低了印制电路板的温度，使板面不易起泡、分层。同时，也起到了保护元器件和集成电路的作用。

③除了焊盘外，其他部分均不上锡，节省了大量的焊料。

④使用带有颜色的阻焊剂，如深绿色和浅绿色等，可使印制电路板的板面显得整洁美观。

（2）常用的阻焊剂。

阻焊剂按成膜材料不同可分为热固化型阻焊剂、紫外线光固化型阻焊剂和电子辐射光固化型阻焊剂。常用的阻焊剂是紫外线光固化型阻焊剂，呈深绿或浅绿色。

2.常用焊接工具

常用的焊接工具是电烙铁和五金工具。电烙铁是手工施焊的主要工具。合理选择、使用电烙铁是保证焊接质量的基础。

1）电烙铁分类

（1）按加热方式可分为直热式、感应式和气体燃烧式等多种。最常用的是单一焊接用的直热式电烙铁。它又分为内热式和外热式两种。

（2）按功率可分为20 W、30 W、35 W、45 W、50 W、75 W、100 W、150 W、200 W和300 W等多种。

（3）按功能可分为单用式、两用式、恒温式和吸锡式等，如图2-63所示。

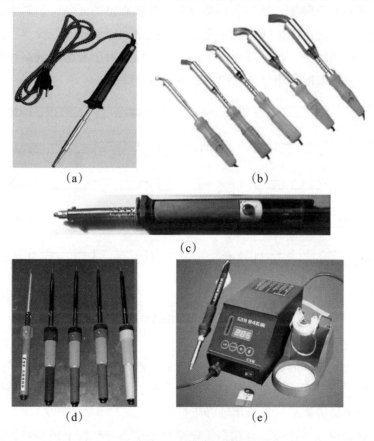

图2-63　各式电烙铁

（a）普通内热式电烙铁；（b）外热式电烙铁；（c）吸锡电烙铁；

（d）长寿命烙铁头电烙铁；（e）温控式电烙铁

2）电烙铁的选用

电烙铁在选用时重点考虑加热形式、功率大小和烙铁头形状。

（1）加热形式的选择。

内热式和外热式的选择。相同功率情况下，内热式比外热式电烙铁的温度高。

（2）电烙铁功率的选择。

①焊接小功率的阻容元件、三极管、集成电路、印制电路板的焊盘或塑料导线时，宜采用 30~45 W 的外热式或 20 W 的内热式电烙铁，一般选用 20 W 的内热式电烙铁最好。

②焊接一般结构产品的焊点，如线环、线爪、散热片和接地焊片等，宜采用 75~100 W 的电烙铁。

③对于大型焊点，如焊金属机架接片、焊片等，宜采用 100~200 W 的电烙铁。

（3）烙铁头形状的选择。

烙铁头可以加工成不同形状，如图 2-64 所示。当凿式和尖锥形烙铁头的角度较大时，烙铁头热量比较集中，温度下降较慢，适用于焊接一般焊点；当两者烙铁头的角度较小时，烙铁头温度下降快，适用于焊接对温度比较敏感的元器件。斜面烙铁头，由于表面大，传热较快，适用于焊接布线不是很拥挤的单面印制电路板焊点。圆锥形烙铁头适用于焊接高密度的线头、小孔及小而怕热的元器件。对于有镀层的烙铁头，一般不要锉或打磨。因为电镀层的作用就是保护烙铁头不易受腐蚀。

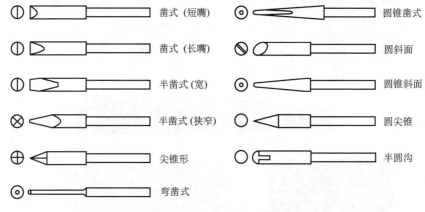

图2-64　电烙铁头各种形状

（4）普通烙铁头的修整和镀锡。

使用烙铁头一段时间后，会发生烙铁头表面凹凸不平，而且氧化层严重的问题，这种情况下需要修整烙铁头。一般先将烙铁头拿下来，夹到台钳上粗锉，修整为要求的椭圆形状，然后再用细锉修平，最后用细砂纸打磨。

修整后的烙铁应立即镀锡，方法是将电烙铁通电，在垫板上放适量松香并放一段焊锡，将烙铁头圆斜面触在松香上进行加热，当烙铁头圆斜面沾上焊锡后将其在松香中来回摩擦，直到整个烙铁修整面均匀镀上一层锡为止，如图 2-65 所示。需注意的是，电烙铁通电后一定要立刻沾上松香，否则表面会生成镀锡的氧化层。

图2-65 烙铁头镀锡示意

（5）吸锡器。

吸锡器是专门对多余焊锡进行清除的用具，如图 2-66 所示。

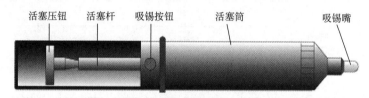

活塞压钮 活塞杆 吸锡按钮 活塞筒 吸锡嘴

图2-66 吸锡器的外形

3）电子产品装焊常用的五金工具

电子产品装焊常用的五金工具有尖嘴钳、斜口钳、扁嘴钳、克丝钳、镊子、螺丝刀和剥线钳等，如图 2-67 所示。

图2-67 电子产品装焊常用的五金工具

素养养成

（1）在进行焊接材料的学习中要认真思考，区分助焊剂和阻焊剂的不同，养成做事认真的良好作风。进行松香助焊剂的学习时，要知道松香是天然的产物，而焊料中含有铅成分，要知道焊料对环境是有污染的，要有环保意识。

（2）在进行烙铁头的处理时，烙铁头的修整要采用锉刀、砂纸等，在打磨过程中体会角度和力度的作用，找到更好解决问题的方法。通过对烙铁头的处理，要明白"工欲善其事，必先利其器"的道理，提高质量意识和效率意识。

（3）在进行电烙铁的检查时，注意断开电源再检查，要遵守操作工艺规范，要有防止触电的安全意识。

 任务实现 ///

1.任务分组

任务工作单

组号：_____ 姓名：_____ 学号：_____ 检索号：____2211-1____

班级		组号		指导教师	
组长		学号			
组员	序号	姓名		学号	
	1				
	2				
	3				
	4				
	5				
任务分工					

2.自主探学

任务工作单 1

组号：_____ 姓名：_____ 学号：_____ 检索号：____2212-1____

引导问题：

（1）常用的焊接材料包括哪些？

_____

（2）共晶合金的锡铅比例和熔点是多少？

_____

（3）松香水怎么配置？

_____

（4）助焊剂有什么作用？

_____

组号：_____ 姓名：_____ 学号：_____ 检索号：__2212-2__

引导问题：

（1）焊锡丝是管状的，中间填充的是什么物质？焊接时还需要再额外填充助焊剂吗？

_____

_____

（2）如何检查电烙铁是否好用？

_____

_____

（3）普通烙铁头（圆斜面）的修整和镀锡如何进行？

_____

_____

（4）编制电烙铁的检查与烙铁头处理实施方案。

序号	操作要素	操作要领

3.合作研学

组号：_____ 姓名：_____ 学号：_____ 检索号：____2213-1

引导问题：

（1）小组交流讨论，教师参与，形成正确的电烙铁的检查与烙铁头处理实施方案。

序号	操作要素	操作要领

（2）记录自己存在的不足。

_____

4.展示赏学

组号：_____ 姓名：_____ 学号：_____ 检索号：____2214-1

引导问题：

（1）每小组推荐一位小组长，汇报电烙铁的检查与烙铁头处理实施方案，借鉴每组经验，进一步优化方案。

序号	操作要素	操作要领

（2）检讨自己的不足。

_____

5.任务实施

组号:＿＿＿＿＿＿ 姓名:＿＿＿＿＿＿ 学号:＿＿＿＿＿＿ 检索号:＿＿＿＿2215-1

案例详解
电烙铁的检查与烙铁头处
理实施步骤

引导问题:

(1)按照电烙铁的检查与烙铁头处理实施方案,对电烙铁的检查与烙铁头处理,并记录实施过程。

操作要素	操作要领	备注

(2)对比分析电烙铁的检查与烙铁头处理实施步骤,并记录分析过程。

操作要领	实际操作	是否有问题	原因分析

6.任务评价

评价反馈
子任务 2.2.1 评价表

(1)个人自评。

(2)小组内互评。

(3)小组间互评。

(4)教师评价。

子任务2.2.2 元器件引线成型与导线加工处理

任务描述 //

（1）元器件装配到印制电路板之前，一般都要先进行加工处理，即对元器件进行引线成型处理，然后进行插装。良好的引线成型及插装工艺，使元器件具有性能稳定，整齐、美观的效果。

（2）为了便于安装和焊接元器件，在安装前，要根据其安装位置的特点及技术要求，预先把元器件引线弯曲成一定的形状，并进行搪锡处理。

（3）导线的加工处理属于电子产品装配的准备工艺，为顺利装配提前做好准备工作。导线的加工处理方式一般是将导线两头截取 1 cm 外皮，并对芯线进行搪锡处理。

学习目标 //

知识目标

（1）掌握电子元器件引线成型的准备工艺。

（2）掌握导线加工处理工艺要求。

能力目标

（1）能正确使用工具进行元器件引线成型。

（2）能正确使用工具进行导线加工。

素养目标

（1）提升遵守工艺规范的职业素养。

（2）提高认真处理问题、解决问题的能力。

重点与难点 //

重点：元器件引线的成型。

难点：导线的加工处理。

知识准备 //

1.元器件引线的成型工艺

1）元器件引线的成型

（1）预加工处理。

元器件引线在成型前必须进行预加工处理。预加工处理包括引线的校直、表面清洁及搪锡三个步骤。预加工处理的要求是引线处理后，不允许有伤痕、镀锡层均匀、表面光滑、无毛刺和焊剂残留物。

（2）引线成型的基本要求。

引线成型工艺就是根据焊点之间的距离，将引线做成需要的形状，目的是使它能迅速而准确地插入孔内。引线各种成型方式如图 2-68 所示。

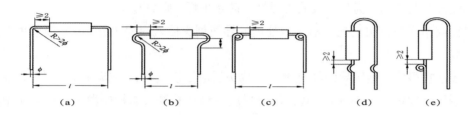

图2-68 引线各种成型方式

（3）元器件引线成型的技术要求。

①引线成型后，元器件本体不应产生破裂，表面封装不应损坏，引线弯曲部分不允许出现模印裂纹。

②引线成型后其标称值应处于查看方便的位置，一般应位于元器件的上表面或外表面。

（4）元器件引线成型的方法。

①专用工具和成型模具、成型机。

②手工成型，用尖嘴钳或镊子。

2）元器件引线的搪锡

（1）因长期暴露于空气中存放的元器件的引线表面有氧化层，为提高其可焊性，必须对其作搪锡处理。

（2）元器件引线在搪锡前可用刮刀或砂纸去除元器件引线的氧化层。注意不要划伤和折断引线。但对扁平封装的集成电路，则不能用刮刀，而只能用绘图橡皮轻擦清除其氧化层，并应先让引线成形，后搪锡。

视频链接
电子元器件准备工艺

2.绝缘导线的加工工艺

绝缘导线的加工工艺分为剪裁、剥头、捻头（多股线）、搪锡、清洗和印标记等过程。

（1）剪裁（下料）。按工艺文件中导线加工表中的要求，用斜口钳或下线机等工具对所需导线进行剪切。下料时应做到长度准、切口整齐、不损伤导线及绝缘皮（漆）。

（2）剥头。将绝缘导线的两端用剥线钳等工具去掉一段绝缘层而露出芯线的过程，称为剥头。剥头长度一般为 10~12 mm。剥头时应做到绝缘层剥除整齐，芯线无损伤、断股等。

剥头方法：刃截法和热截法。

按不同连接方式截取剥头长度的基本尺寸为搭焊 3+2.0，勾焊 6+4.0，绕焊 15±5.0，单位为 mm。

（3）捻头。对多股芯线，剥头后用镊子或捻头机把松散的芯线绞合整齐，称为捻头。

捻头的方法是按多股芯线原来合股的方向扭紧，芯线扭紧后不得松散。捻头时芯线应松紧适度（其螺旋角一般在 30°~45°），不卷曲，不断股。

（4）浸锡或搪锡。搪锡是指对捻紧端头的导线进行浸涂焊料的过程。目的是防止捻头的芯线散开及氧化，提高导线的可焊性，防止虚焊（假焊）。

浸锡或搪锡的方法是把经前 3 步处理的导线剥头插入锡锅（槽）中浸锡或用电烙铁手工搪锡。

搪锡注意事项：绝缘导线经过剥头、捻头后应尽快浸锡；浸锡时应把剥头先浸助焊剂，再浸锡。浸锡时间 1~3 s 为宜，浸锡后应立刻将其浸入酒精中散热，以防止绝缘层收缩或破裂。被浸锡的导线表面应光滑明亮，无拉尖和毛刺，焊料层薄厚均匀，无残渣和焊剂粘附。

（5）清洗。采用无水酒精作清洗液，清洗残留在导线芯线端头的脏物，同时又能迅速冷却浸锡导线，保护导线的绝缘层。

（6）印标记。复杂的产品中使用了很多导线，单靠塑胶线的颜色已不能将其区分清楚，应在导线两端印上线号或色环标记，才能在安装、焊接、调试、修理和检查时方便快捷。印标记的方式有导线端印字标记、导线染色环标记和将印有标记的套管套在导线上等，如图 2-69 所示，标记单位为 mm。

拓展知识
屏蔽导线及电缆的加工工艺

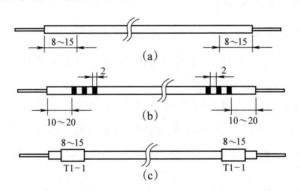

图2-69　导线端头标记示意

（a）印字标记；（b）色环标记；（c）套管标记

素养养成

（1）在电子元器件引线成型的过程中，要按照工艺要求进行，提高遵守工艺规范的职业素养。

（2）在进行导线的加工处理时，能根据工艺文件的要求独立进行处理，按照剥皮的尺寸要求严格执行，提高独立解决问题的能力。

 任务实现

1.任务分组

组号：_____ 姓名：_____ 学号：_____ 检索号：__2221-1__

班级		组号		指导教师	
组长		学号			
组员	序号	姓名		学号	
	1				
	2				
	3				
	4				
	5				
任务分工					

2.自主探学

组号：_____ 姓名：_____ 学号：_____ 检索号：__2222-1__

引导问题：

（1）元器件引线成型的基本要求有哪些？

_____

（2）元器件引线成型的方法有哪两种？

_____

（3）引线弯折处距离元器件本体端头不得小于几毫米？弯折半径必须大于引线直径的几倍？

_____

（4）绝缘导线的加工处理分为哪几个过程？

_____

（5）剥头长度一般为多少 mm？剥头的方法有哪两种？

_____

任务工作单 2

组号：_____ 姓名：_____ 学号：_____ 检索号：___2222-2___

引导问题：

（1）手工进行引线成型采用的工具有哪些？

_____

_____

（2）刃截法进行绝缘导线剥头时，通常采用的是什么工具？

_____

_____

（3）印标记的方式通常有哪三种？

_____

_____

（4）编制绝缘导线的加工处理实施方案。

序号	操作要素	操作要领

3.合作研学

任务工作单

组号：_____ 姓名：_____ 学号：_____ 检索号：____2223-1____

引导问题：

（1）小组交流讨论，教师参与，形成正确的绝缘导线的加工处理实施方案。

序号	操作要素	操作要领

（2）记录自己存在的不足。

_____

4.展示赏学

任务工作单

组号：_____ 姓名：_____ 学号：_____ 检索号：____2224-1____

引导问题：

（1）每小组推荐一位小组长，汇报绝缘导线的加工处理实施方案，借鉴每组经验，进一步优化方案。

序号	操作要素	操作要领

（2）检讨自己的不足。

_____

5.任务实施

任务工作单

组号：_____ 姓名：_____ 学号：_____ 检索号：___2225-1___

案例详解
绝缘导线的加工处理
实施方案

引导问题：

（1）按照绝缘导线的加工处理实施方案，对绝缘导线进行加工处理，并记录实施过程。

操作要素	操作要领	备注

（2）对比分析绝缘导线的加工处理实施方案，并记录分析过程。

操作要领	实际操作	是否有问题	原因分析

6.任务评价

（1）个人自评。

（2）小组内互评。

（3）小组间互评。

（4）教师评价。

评价反馈
子任务 2.2.2 评价表

子任务2.2.3　通孔插装电子元器件手工装配焊接

任务描述

（1）根据印制电路板及元器件装配图对照收音机电路原理图和材料清单，对已经检测好的元器件进行引线成型加工处理。调幅收音机电器原理图如图 2-70 所示，调幅收音机印制电路板及元器件装配图如图 2-71 所示。材料清单如表 2-1 所示。

（2）对照印制电路板及元器件装配图按照正确装配顺序进行元器件的插装，用 20 W 内热式电烙铁进行手工焊接。

（3）装配焊接后进行检查，无误后装入机壳，通电试机。

完成调幅收音机电子产品的装焊，写出装配工艺流程并进行实际操作，装配焊接出调幅收音机成品，并能使其收到电台广播。

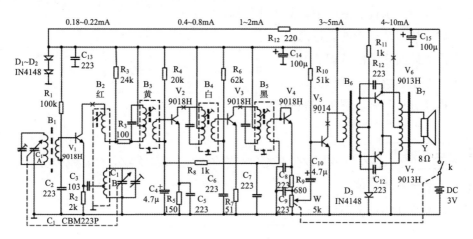

图2-70　调幅收音机电路原理图

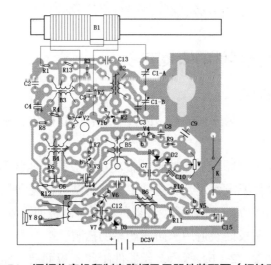

图2-71　调幅收音机印制电路板及元器件装配图（焊接面）

 **学习目标** //

知识目标

（1）掌握通孔插装电子元器件装配和手工焊接工艺要求。

（2）掌握焊接质量要求及焊接缺陷种类分析。

能力目标

（1）能根据装配图正确进行电子元器件的插装。

（2）能遵守焊接安全操作规范，正确选择手工焊接工具和焊料，进行手工焊接与拆焊，掌握焊接与拆焊技巧。

（3）能对调幅收音机散件进行装配焊接，完成收音机成品，并能使其收到电台广播。

素养目标

（1）养成精益求精、专心细致的工作作风。

（2）树立按规范操作的质量意识。

（3）树立诚实守信的意识。

（4）树立团结协作的意识。

（5）提高分析问题、解决问题的能力。

 **重点与难点** ///

重点：手工焊接与拆焊。

难点：焊接缺陷种类分析。

知识准备 //

1.通孔插装电子元器件的插装工艺

1）元器件插装的形式

元器件的插装形式可分为立式插装、卧式插装、倒立插装、横向插装和嵌入插装。

（1）卧式插装。

卧式插装是将元器件紧贴印制电路板的板面水平放置的插装形式，元器件与印制电路板之间的距离可视具体要求而定，卧式插装又分为贴板插装和悬空插装。

①贴板插装。如图 2-72（a）所示，元器件贴紧印制板面且安装间隙小于 1 mm，插装金属外壳时应加垫。贴板插装适用于防震产品的插装。

②悬空插装。如图 2-72（b）所示，元器件距印制板面有一定高度，插装距离一般在距板面 3~8 mm 处。悬空插装适用于发热元器件的插装。

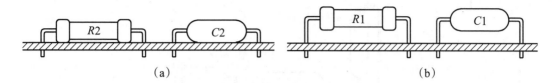

图2-72 卧式插装示意图

（a）贴板插装；（b）悬空插装

卧式插装的优点是元器件的重心低，比较牢固稳定，受振动时不易脱落和更换时比较方便。由于元器件是水平放置，还节约了垂直空间。

（2）垂直插装。

如图2-73所示，元器件垂直于基板的插装，称为垂直插装，也叫立式插装，适用于插装密度较高的场合。但重量大、引线细的元器件不宜采用垂直插装。

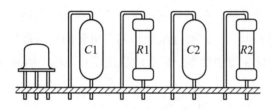

图2-73 垂直插装示意

立式插装的优点是插装密度大，占用印制电路板的面积小，插装与拆卸都比较方便。

（3）倒立插装与嵌入插装（埋头插装）。

如图2-74所示，倒立插装与嵌入插装这两种插装形式一般情况下应用不多，是为了特殊的需要而采用的插装形式（如高频电路中减少元器件引脚带来的天线作用）。嵌入插装除了为降低高度外，更主要的是为了提高元器件的防震能力和加强元器件的连接牢靠度。

（4）横向插装。

如图2-75所示，横向插装是将元器件先垂直插入印制电路板，然后再将其朝水平方向弯曲。该插装形式适用于插装具有一定高度限制的元器件，用以降低元器件高度。

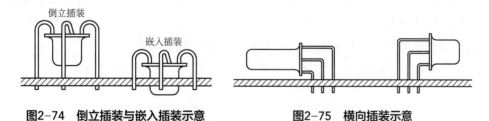

图2-74 倒立插装与嵌入插装示意　　　　图2-75 横向插装示意

2）**典型件的插装**

（1）二极管的插装。

如图2-76所示，二极管可采用立式插装也可采用卧式插装。

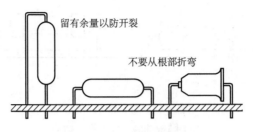

图2-76　二极管插装示意

（2）三极管的插装。

三极管的插装一般以立式插装最为普遍，在特殊情况下也有采用横向或倒立插装的。不论采用哪一种插装形式，其引线都不能保留得太长，太长的引线会带来较大的分布参数。一般引线保留的长度为 3~5 mm，但也不能留得太短，以防焊接时电烙铁过热而损坏三极管。

对于一些大功率自带散热片的塑封三极管，为提高其使用功率，插装时往往需要再加一块散热板。安装散热板时，一定要让散热板与三极管的自带散热片有可靠的接触，使散热顺利。三端稳压器的插装与中功率三极管的插装相同。相关插装方法如图 2-77 所示。

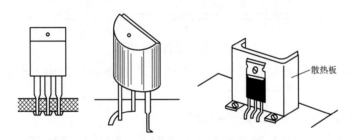

图2-77　三端稳压器和三极管插装方法示意

（3）重、大器件的插装。

①中频变压器及输入、输出变压器带有固定引脚，插装时将固定引脚插入印制电路板的相应孔位，先焊接固定引脚，再焊接其他引脚。

②对于体积较大的电源变压器，一般要采用螺钉固定。螺钉上最好加上弹簧垫圈，以防止螺钉或螺母的松动。

③磁棒的插装一般采用塑料支架固定。先将塑料支架插装到印制电路板的支架孔位上，然后用电烙铁从印制电路板的反面给塑料引脚加热使其熔化，使之形成铆钉将支架牢固地固定在电路板上，待塑料引脚冷却后，再将磁棒插入即可。

④对于体积较大的电解电容器，可采用弹性夹固定，如图 2-78 所示。

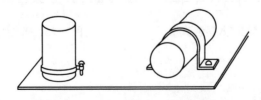

图2-78　大体积电解电容的插装示意

3）元器件插装注意事项

（1）引脚的弯折方向都应与铜箔走线方向相同。

（2）插装二极管时注意极性，外壳封装。

（3）为区别极性和正负端，插装时加上带颜色的套管区别。

（4）大功率三极管发热量大，一般不宜插装在印制电路板上。

2.通孔插装电子元器件手工焊接工艺

1）手工焊接的操作要领

（1）焊接姿势。

焊接时应保持正确的姿势。一般烙铁头的顶端距操作者鼻尖部位的距离要保持在20 cm 以上，通常为 40 cm，以免吸入焊剂加热挥发出的有害化学气体。同时要挺胸端坐，不要躬身操作，并要保持室内空气流通。

（2）电烙铁的握法。

电烙铁一般有正握法、反握法和执笔法三种握法，如图 2-79 所示。

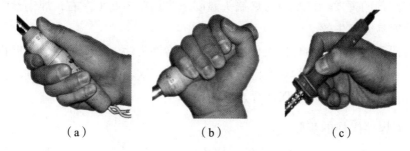

（a） （b） （c）

图2-79 电烙铁的握法

（a）正握法；（b）反握法；（c）执笔法

①正握法适用于中等功率电烙铁或带弯头电烙铁的操作。

②反握法动作稳定，长时间操作不易疲劳，适用于大功率电烙铁的操作。

③执笔法多用于小功率电烙铁在操作台上焊接印制电路板等焊件。

（3）焊锡丝的拿法。

焊锡丝的拿法根据连续锡焊和断续锡焊的不同分为两种拿法，如图 2-80 所示。

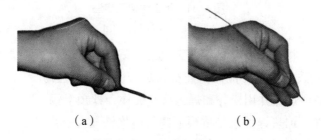

（a） （b）

图2-80 焊锡丝的拿法

（a）连续锡丝拿法；（b）断续锡丝拿法

①连续锡丝拿法。连续锡丝拿法是用拇指和食指捏住焊锡丝，中指配合拇指和食指把焊锡丝连续向前送进。它适用于成卷（筒）焊锡丝的手工焊接。

②断续锡丝拿法。断续锡丝拿法是用拇指、食指和中指夹住焊锡丝，采用这种拿法，焊锡丝不能连续向前送进。它适用于用小段焊锡丝的手工焊接。

（4）焊接操作的注意事项。

①由于焊丝成分中铅占一定比例，而铅是对人体有害的重金属，因此操作时应戴手套或操作后洗手，避免食入。

②焊剂加热时挥发出来的化学物质对人体是有害的，如果在操作时人的鼻子距离烙铁头太近，则很容易将有害气体吸入。一般鼻子距烙铁头的距离不小于20 cm，通常以40 cm为宜。

③使用电烙铁时要配置烙铁架，烙铁架一般放置在工作台右前方，电烙铁用后一定要稳妥地放于烙铁架上，并注意导线等物体不要碰烙铁头。

2）手工焊接的基本要求

焊锡丝一般要用手送入被焊处，不要用烙铁头上的焊锡去焊接，否则很容易造成焊料的氧化和焊剂的挥发。这是因为烙铁头温度一般都在300 ℃左右，焊锡丝中的焊剂在高温情况下容易分解失效。

通常可以看到这样一种焊接操作法，即先用烙铁头沾上一些焊锡，然后将烙铁头放到焊点上停留等待加热后的焊锡润湿焊件。应注意，这不是正确的操作方法。虽然这样也可以将焊件焊起来，但不能保证焊点质量。

3）手工焊接操作的步骤

手工焊接操作一般分为准备施焊、加热焊件、熔化焊料、移开焊锡丝和移开电烙铁，称为"五步法"，如图2-81所示。

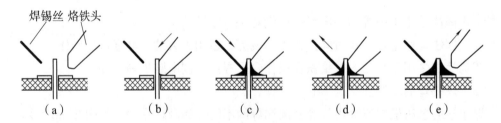

图2-81　手工焊接五步法

（a）准备施焊；（b）加热焊件；（c）熔化焊料；（d）移开焊锡丝；（e）移开电烙铁

（1）准备施焊。将焊接所需材料、工具准备好，如焊锡丝、松香焊剂、电烙铁及其支架等。焊前对烙铁头要进行检查，查看其是否能正常"吃锡"。如果吃锡不好，就要将其锉干净，再通电加热并用松香和焊锡将其镀锡，即预上锡。

（2）加热焊件。加热焊件就是将预上锡的电烙铁放在被焊点上，使被焊件的温度上升。烙铁头放在焊点上时应注意，其位置应能同时加热被焊件与铜箔，并要尽可能加大与被焊件的接触面，以缩短加热时间，保护铜箔不被烫坏。

（3）熔化焊料。待被焊件加热到一定温度后，将焊锡丝放到被焊件和铜箔的交界面上（注意不要放到烙铁头上），使焊锡丝熔化并浸湿焊点。

（4）移开焊锡。当焊点上的焊锡已将焊点浸湿时，要及时撤离焊锡丝，以保证焊锡不至过多，焊点不出现堆锡现象，从而获得较好的焊点。

（5）移开电烙铁。移开焊锡后，待焊锡全部浸湿焊点，并且松香焊剂还未完全挥发时，就要及时、迅速地移开电烙铁，电烙铁移开的方向以 45°角最为适宜。如果掌握不好移开的时机、方向和速度，则会影响焊点的质量和外观。

完成这五步后，焊料尚未完全凝固前，不能移动被焊件之间的位置，因为焊料未凝固时，如果焊件相对位置被改变，就会产生假焊现象。

有时用三步法概括操作方法，即将上述步骤（2）、（3）合为一步，（4）、（5）合为一步。

4）焊点质量的基本要求

（1）电气接触良好。良好的焊点应该具有可靠的电气连接性能，不允许出现虚焊、桥接等现象。

（2）机械强度可靠。保证使用过程中，焊点不会因正常的振动而脱落。

（3）外形美观。焊点应该是明亮、清洁和平滑的，焊锡量适中并呈裙状拉开，焊锡与被焊件之间没有明显的分界。

（4）焊点不应有毛刺和空隙。助焊剂过少会引起毛刺，气泡会造成空隙。

5）手工焊接的工艺要求

（1）要保持烙铁头清洁，不要有杂物。

（2）要采用正确的加热方式，接触面尽量大。

（3）焊料、焊剂的用量要适中，焊接的温度和时间要掌握好。

（4）烙铁头撤离的方法要掌握好。烙铁头撤离的方向与焊料留存量的关系如图2-82所示。

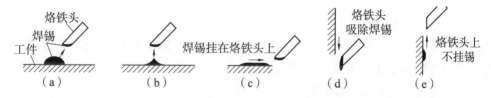

图2-82 烙铁撤离方向与焊料留存量
（a）烙铁头与轴向成45°角撤离；（b）水平向上撤离；（c）水平方向撤离；
（d）垂直向下撤离；（e）垂直向上撤离

（5）焊点凝固过程中不要移动焊件。否则焊点会发生松动，造成虚焊。

（6）焊接后，焊点要清洗干净，不要留存杂质。

6）通孔插装电子元器件的手工焊接

（1）焊接前的准备。

①焊接前要将被焊元器件的引线进行清洁和预挂锡。

②清洁印制电路板的表面，主要是去除氧化层，检查焊盘和印制导线是否有缺陷及短路点等不足。同时还要检查电烙铁能否吃锡，如果吃锡不良，应进行去除氧化层和预挂锡工作。

③熟悉相关印制电路板的装配图，并按图纸检查所有元器件的型号、规格及数量是否符合图纸的要求。

（2）装焊顺序。

元器件装焊的顺序原则是先低后高、先轻后重、先耐热后不耐热。一般的元器件装焊顺序是电阻器、电容器、二极管、三极管、集成电路和大功率管等。

（3）常见元器件的焊接。

①电阻器的焊接。按图纸要求将电阻器插入规定位置，插入孔位时要注意，字符标注的电阻器的标称字符要向上（卧式）或向外（立式）；色码电阻器的色环顺序应朝一个方向，以方便读取。插装时可按图纸标号顺序依次装入，也可按单元电路装入，装入形式依具体情况而定，然后就可对电阻器进行焊接。

②电容器的焊接。将电容器按图纸要求装入规定位置，并注意有极性电容器的阴、阳极不能接错，电容器上的标称值要易看得见。可先装玻璃釉电容器、金属膜电容器和瓷介电容器，最后装电解电容器。

视频链接
通孔插装电子元器件
手工焊接工艺

③二极管的焊接。将二极管辨认正、负极后按要求装入规定位置，型号及标记要向上或朝外。对于立式插装二极管，焊接其最短的引线时要注意焊接时间不要超过 2 s，以避免温度上升过高而损坏二极管。

④集成电路的焊接。将集成电路按照要求装入印制电路板的相应位置，并按图纸要求进一步检查集成电路的型号、引脚位置是否符合要求，确保无误后便可进行焊接。

3.手工焊接缺陷分析

1）焊点的质量要求

焊接结束后，要对焊点进行外观检查。因为焊点质量的好坏，直接影响整机的性能指标。对焊点的基本质量要求有下列几个方面。

（1）防止虚焊（假焊）和漏焊。

（2）焊点不应有毛刺、砂眼和气泡。

（3）焊点的焊锡要适量。

（4）焊点要有足够的强度。

（5）焊点表面要光滑。

（6）引线头必须包围在焊点内部。

（7）焊点表面要清洁。

2）焊接缺陷分析

焊点会存在虚焊（假焊）、拉尖、桥接、空洞、堆焊、印制电路板铜箔起翘和焊盘脱落等缺陷。

（1）虚焊（假焊）。指焊锡简单地依附在被焊件的表面，没有与被焊件的金属紧密结合，形成金属合金的现象，如图 2-83 所示。从外形上看，虚焊的焊点几乎是焊接良好的，但实际上可能存在松动，或电阻很大甚至没有连接等问题。

造成虚焊的主要原因是焊接面氧化或有杂质，焊锡质量差；焊剂性能不好或用量不当；焊接温度掌握不当；焊接结束但焊锡尚未凝固时焊接元件移动等。

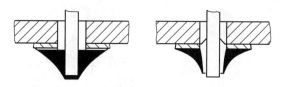

图2-83 虚焊示意

（2）拉尖。拉尖是指焊点表面有尖角、毛刺的现象，如图 2-84 所示。

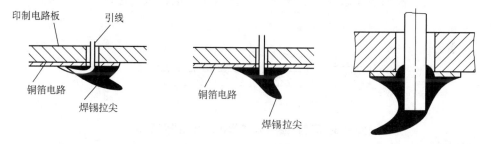

图2-84 拉尖示意

造成拉尖的主要原因是焊接时间过长使焊料粘性增加、烙铁头离开焊点的方向不对、电烙铁离开焊点太慢、焊料质量不好、焊料中杂质太多、焊接时的温度过低等。拉尖造成的后果是外观不佳、易造成桥接现象；对于高压电路，有时会出现尖端放电的现象。

（3）桥接。桥接是指焊料将印制电路板中相邻的印制导线及焊盘连接起来的现象。如图 2-85 所示。

造成桥接的主要原因是焊锡用量过多、电烙铁撤离方向不当。桥接会导致产品出现电路短路，有可能使相关电路的元器件损坏。

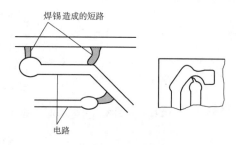

图2-85 桥接示意

（4）堆焊。堆焊是指焊点的焊料过多，外形轮廓不清，甚至根本看不出焊点的形状，而焊料又没有布满被焊件引线和焊盘，如图 2-86 所示。

造成堆焊的原因是焊料过多；焊料的温度过低，焊料没有完全熔化；焊点加热不均匀，以致焊盘、引线不能浸湿等。

（5）空洞（不对称）。空洞是焊盘的插件孔太大、焊料不足，致使焊料没有全部填满印制电路板插件孔而形成的，如图2-87所示。除上述原因以外，如印制电路板焊盘插件孔位置偏离了焊盘中点，或插件孔周围焊盘氧化、脏污和预处理不良等因素也会造成空洞。

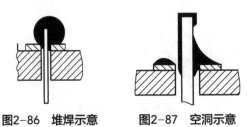

图2-86　堆焊示意　　　　图2-87　空洞示意

（6）印制电路板铜箔起翘、焊盘脱落。铜箔从印制电路板上翘起，甚至脱落，如图2-88所示。

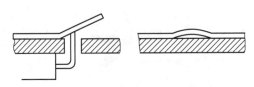

图2-88　印制电路板铜箔起翘、焊盘脱落示意

难点讲解
焊接质量与缺陷分析

印制电路板铜箔起翘、焊盘脱落的主要原因是焊接时间过长、温度过高，反复焊接；或在拆焊时，焊料没有完全熔化就拔取元器件。后者会使电路出现断路或元器件无法安装的情况，甚至整个印制板损坏。

除了上述缺陷外，还有其他一些焊点缺陷，如表2-11所示。

表2-11　焊点其他缺陷分析表

焊点缺陷	外观特点	危害	原因分析
焊料过少	焊料未形成平滑面	机械强度不足	焊丝撤离过早
松香焊	焊缝中夹有松香渣	强度不足，导通不良	①助焊剂过多或已失效 ②焊接时间不足，加热不够 ③表面氧化膜未去除
冷焊	表面呈现豆腐渣状颗粒，可能有裂纹	强度低，导电性不好	焊料未凝固前焊件抖动或电烙铁功率不够
过热	焊点发白，无金属光泽，表面较粗糙	焊盘容易剥落，强度降低	电烙铁功率过大，加热时间过长
松动	导线或元器件引线可移动	导通不良或不导通	①焊料未凝固前移动引线造成空隙 ②引线未处理好，浸润差或不浸润
针孔	目测或低倍放大镜可见有孔	强度不足，焊点容易腐蚀	插件孔与引线间隙太大
气泡	引线根部内藏有空洞	电路暂时接通，但长时间容易引起导通不良	引线与插件孔间隙过大或引线浸润性不良

4.手工拆焊方法

1）手工拆焊技术

在调试或维修电子仪器时，经常需要将焊接在印制电路板上的元器件拆卸下来，这个拆卸的过程称为拆焊，有时也称为解焊。拆焊比焊接困难得多，若掌握不好拆焊技术，将会损坏元器件或印制电路板。

视频链接
手工拆焊方法

（1）拆焊常用工具和材料。拆焊常用的工具和材料有普通电烙铁和镊子、吸锡器、吸锡电烙铁、吸锡材料等。

（2）拆焊的操作要点。①严格控制拆焊点加热的温度和时间。②拆焊时不要用力过猛。③吸去拆焊点上的焊料。

2）拆焊方法

常用的拆焊方法有分点拆焊法、集中拆焊法和断线拆焊法。

（1）分点拆焊法。对焊点进行逐个拆除，具体方法如图 2-89 所示。

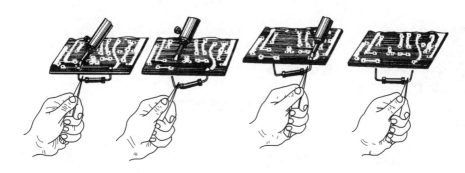

图2-89 分点拆焊法示意

将印制电路板竖起来并夹住，一边用电烙铁加热待拆元器件的焊点，一边用镊子或尖嘴钳夹住元器件引线将其轻轻拉出。重焊时需用锥子将插件孔在加热熔化焊锡的情况下扎通。

（2）集中拆焊法。同时对多个焊点进行拆除，可采用多种工具进行拆除。

①选用医用空心针头拆焊，如图 2-90 所示。将医用针头用钢锉锉平，使其作为拆焊的工具，拆焊的具体方法是：一边用电烙铁熔化焊点，一边把针头套在被焊的元器件引线上，直至焊点熔化后，将针头迅速插入印制电路板的插件孔内，使元器件的引线与印制电路板的焊盘脱开。

②用气囊吸锡器进行拆焊，如图 2-91 所示。先将被拆的焊点加热，使焊料熔化，再把吸锡器挤瘪，将吸嘴对准熔化的焊料，然后放松吸锡器，焊料就被吸进吸锡器内。

③用铜编织线进行拆焊，将铜编织线的部分沾上松香焊剂，然后放在将要被拆的焊点上，再把电烙铁放在铜编织线上加热焊点，待焊点上的焊锡熔化后，就被铜编织线吸去。如果焊点上的焊料没有被一次吸完，则可进行第二次、第三次，直至吸完。铜编织线吸满焊料后，就不能再使用，需要把已吸满焊料的部分剪去。

④采用吸锡电烙铁拆焊。吸锡电烙铁是一种专用于拆焊的电烙铁，它能在对焊点加热的同时，把焊锡吸入内腔，从而完成拆焊。

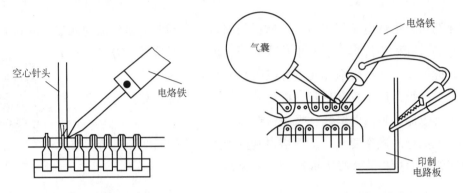

图2-90　用医用空心针头拆焊示意图　　　　图2-91　气囊吸锡器拆焊示意

（3）断线拆焊法。把引线剪断后再进行拆焊，适用于已损坏的元器件的拆焊，如图2-92所示。

拓展知识
导线焊接工艺

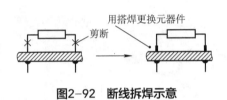

图2-92　断线拆焊示意

素养养成

（1）在进行调幅收音机装配焊接过程中，要有一丝不苟的态度，时刻牢记"质量就是生命"，要清楚质量就是电子产品的生命，要强化质量意识。

（2）进行焊接前一定要先检查电烙铁，在焊接过程中要注意安全，按操作规范放置电烙铁，牢记规范操作是安全之本，养成良好的职业习惯，做到"工完、料净、场地清"。

（3）焊接前准备好焊接工具，特别是烙铁头，一定要预先处理好，明白"工欲善其事，必先利其器"的道理。

（4）在进行手工拆焊操作时，同组成员之间要互相帮忙，要有团队协作的精神。

（5）在进行调幅收音机故障处理时，要根据故障现象采用故障分析的方法耐心地进行故障分析，并能够独立分析、处理故障问题，提高分析问题、解决问题的能力。

1.任务分组

任务工作单

| 组号：＿＿＿＿＿＿ 姓名：＿＿＿＿＿＿ 学号：＿＿＿＿＿＿ | | 检索号： | 2231-1 |

班级		组号		指导教师	
组长		学号			
组员	序号		姓名		学号
	1				
	2				
	3				
	4				
	5				
任务分工					

2.自主探学

任务工作单1

组号：＿＿＿＿＿＿ 姓名：＿＿＿＿＿＿ 学号：＿＿＿＿＿＿ 检索号：＿＿2232-1

引导问题：

（1）元器件插装的方式有哪些?

＿＿＿＿＿＿＿＿＿＿＿＿＿＿＿＿＿＿＿＿＿＿＿＿＿＿＿＿＿＿＿＿＿＿＿＿＿

（2）手工焊接的工艺步骤及工艺要求有哪些?

＿＿＿＿＿＿＿＿＿＿＿＿＿＿＿＿＿＿＿＿＿＿＿＿＿＿＿＿＿＿＿＿＿＿＿＿＿

（3）叙述焊点的质量要求及焊接缺陷有哪些，分析焊接缺陷产生的原因。

＿＿＿＿＿＿＿＿＿＿＿＿＿＿＿＿＿＿＿＿＿＿＿＿＿＿＿＿＿＿＿＿＿＿＿＿＿

（4）拆焊的操作要点和拆焊方法是什么?

＿＿＿＿＿＿＿＿＿＿＿＿＿＿＿＿＿＿＿＿＿＿＿＿＿＿＿＿＿＿＿＿＿＿＿＿＿

（5）叙述电子产品元器件装焊的顺序原则。

任务工作单 2

组号：_____　姓名：_____　学号：_____　检索号：___2232-2___

引导问题：

（1）怎样对三极管进行插装？

_____

_____

（2）如何焊接双联电容？

_____

_____

（3）怎样对焊错的色环电阻进行拆焊？

_____

_____

_____

（4）编制调幅收音机装配焊接的实施方案。

序号	操作要素	操作要领

3.合作研学

组号：_____ 姓名：_____ 学号：_____ 检索号：____2233-1____

引导问题：

（1）小组交流讨论，教师参与，形成正确的调幅收音机装配焊接实施方案。

序号	操作要素	操作要领

（2）记录自己存在的不足。

_____

4.展示赏学

组号：_____ 姓名：_____ 学号：_____ 检索号：____2234-1____

引导问题：

（1）每小组推荐一位小组长，汇报调幅收音机装配焊接实施方案，借鉴每组经验，进一步优化方案。

序号	操作要素	操作要领

（2）检讨自己的不足。

_____

5.任务实施

任务工作单

组号：_____ 姓名：_____ 学号：_____ 检索号：__2235-1__

案例详解
收音机装配焊接任务
实施步骤

引导问题：

（1）按照调幅收音机装配焊接实施方案，对调幅收音机散件进行装配焊接，并记录实施过程。

操作要素	操作要领	备注

（2）对比分析调幅收音机装配流程，并记录分析过程。

工艺要领	实际要领	是否有问题	原因分析

6.任务评价

（1）个人自评。

（2）小组内互评。

（3）小组间互评。

（4）教师评价。

评价反馈
子任务 2.2.3 评价表

通孔插装元器件
自动焊接工艺

| 任务3.1 | 自动焊接工艺认知 |

子任务3.1.1　浸焊工艺认知

任务描述

手工焊接一般一次只能焊接一个焊点，当大规模生产电子产品时，手工焊接效率低，势必不能满足生产的需要。因此，怎样才能提高焊接效率？在一些大规模、大型电子产品的生产中大都采用波峰焊自动焊接技术，也有一些规模不大的生产厂，采用浸焊工艺。本任务主要讲解波峰焊的前身——浸焊工艺。

学习目标

知识目标
（1）清楚浸焊的工作原理。
（2）掌握手工浸焊和自动浸焊技术的工艺要求。

能力目标
（1）能够说出常用的浸焊机的特点。
（2）能够明确说出浸焊的优缺点。

素养目标
（1）具备勇于创新的精神。
（2）提高分析问题解决、问题的能力。

重点与难点

重点：浸焊的优缺点。
难点：手工浸焊的工艺过程。

知识准备

浸焊是将插好元器件的印制电路板，浸入盛有熔化焊锡的锡锅内，一次性完成印制电路板上全部元器件焊接的方法。它比手工焊接生产效率高，操作简单，适用于批量生产。

浸焊的工作原理是让插好元器件的印制电路板水平接触熔化的铅锡焊料，使整块电路板上的全部元器件同时完成焊接。由于印制电路板上的印制导线被阻焊层阻隔，因此浸焊时不会被上锡，对于那些不需要焊接的焊点和部位，要用特制的阻隔膜（或胶布）贴住，防止不必要的焊锡堆积。

能完成浸焊功能的设备称为浸焊机。浸焊机价格低廉，在一些小型企业中广泛使用。图 3-1 所示为浸焊机和浸焊焊接示意。

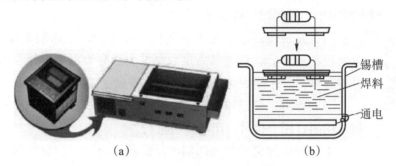

锡槽
焊料
通电

(a)　　　　　　　　　　　　(b)

图3-1　浸焊机和浸焊焊接示意

（a）浸焊机；（b）浸焊焊接示意

常用的浸焊机有两种。一种是带振动头的浸焊机，另一种是超声波浸焊机。浸焊机的焊锡槽如图 3-2 所示。

图3-2　浸焊机的焊锡槽

（1）带振动头的浸焊机。带振动头的浸焊机是在普通浸焊机（只有锡锅）的基础上增加了滚动装置和温度调节装置。这种浸焊机浸锡时，振动装置使印制电路板在浸锡时振动，槽内焊料在温度调节装置持续加热的作用下不停滚动，能让焊料与焊接面更好地接触浸润，改善了焊接效果。

（2）超声波浸焊机。超声波浸焊机一般由超声波发生器、换能器、水箱、焊料槽和加温设备等组成。超声波浸焊机主要是通过向锡锅内辐射超声波来增强浸锡效果的。这类浸焊机有时还配有带振动头夹持印制虹路板的专用设备，浸锡时焊料能有效地浸润到焊点的金属插孔里，使焊点更加牢固。

1.手工浸焊

手工浸焊是由装配工人用夹具夹持待焊接的印制电路板（已装好元器件）并将其浸在锡锅内完成浸锡的方法，其步骤和要求如下。

（1）锡锅的准备。将锡锅加热至熔化焊锡的温度（230~250 ℃），并及时去除焊锡层表面的氧化层。有些元器件和印制电路板较大，可将焊锡温度提高到 260 ℃左右。

（2）印制电路板的准备。将装好元器件的印制电路板涂上助焊剂。通常是在松香酒精溶液中浸渍，使焊盘涂满助焊剂。

（3）浸焊。用夹具将待焊接的印制电路板夹好，水平地浸入锡锅中，使焊锡表面与印制电路板的底面完全接触。浸焊深度以印制电路板厚度的 50%~70% 为宜，切勿使印制电路板全部浸入焊锡中。浸焊时间以 3~5 s 为宜。

难点讲解
手工浸焊

（4）完成浸焊。浸焊时间到后，要立即取出印制电路板。待印制电路板稍冷却后，检查其质量。如果大部分焊点未焊好，可重复浸焊，并检查原因。个别焊点未焊好可用电烙铁手工补焊。

（5）剪脚。完成浸焊后，对长引脚进行剪除，留有 1 mm 的高度。可以用斜口钳，也可以用剪腿机进行。

手工浸焊的关键是将印制电路板浸入锡锅时，此过程一定要平稳，焊接表面与印制电路板底面接触良好，浸焊时间适当。

2.自动浸焊

自动浸焊一般利用具有振动头或是超声波的浸焊机进行浸焊。将插装好元器件的印制电路板放在浸焊机的导轨上，由传动机构自动导入锡锅中，浸焊时间 2~5 s。由于具有振动头或超声波，能使焊料深入焊点的孔中，使焊接更可靠，所以自动浸焊比手工浸焊质量要好，但使用自动浸焊有两方面的不足：

（1）焊料表面极易氧化，要及时清理。

（2）焊料与印制电路板接触面积大，温度高，易烫伤元器件，还会使印制电路板变形。

自动浸焊的工艺流程如图 3-3 所示。

视频链接
自动浸焊

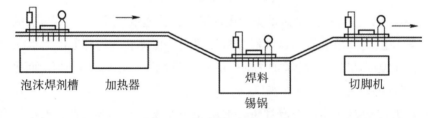

图3-3　自动浸焊的工艺流程

3.导线和元器件引线的浸锡

锡锅可用于小批量印制电路板的焊接，也可用于元器件引线、导线端头等的浸锡。

（1）导线浸锡。

① 导线端头浸锡。导线端头浸锡通常称为搪锡，目的在于防止导线端头氧化，提高焊接质量。导线搪锡前，应先剥头，捻头。搪锡的具体方法是将捻好头的导线沾上助焊剂，然后将导线垂直插入锡锅中，待润湿后取出，浸锡时间为 1~3 s。浸锡时注意以下几点。

a. 浸锡时间不能太长，以免导线绝缘层受热后收缩。

b. 浸渍层与绝缘层必须留有 1~2 mm 间隙，否则绝缘层会过热收缩甚至破裂。

c. 应随时清除锡锅中的锡渣，以确保浸渍层光洁。

d. 如一次不成功，可稍停留一会儿再浸渍，切不可连续浸渍。

② 裸导线浸锡。裸导线、铜带、扁铜带等在浸锡前要先用刀具、砂纸或专用设备等清除待浸锡端面的氧化层污垢，然后沾助焊剂后再浸锡。镀银线浸锡时，装配工人应戴手套，以保护镀银层。

（2）元器件引线浸锡。元器件引线浸锡前，应在距离元器件根部 2~5 mm 处开始清除氧化层。元器件引线浸锡以后应立刻散热。浸锡时间要根据元器件引线的粗细来确定，一般在 2~5 s。浸锡时间太短，引脚未能充分预热，易造成浸锡不良；浸锡时间过长，大量热量传到元器件内部，易造成元器件变质、损坏。

4.浸焊工艺中的注意事项

（1）焊料温度控制。一开始要选择快速加热，当焊料熔化后，改用保温挡进行小功率加热，既可防止由于温度过高加速焊料氧化，保证浸焊质量，也可节省电力消耗。

（2）焊接前须让电路板浸渍助焊剂，并保证助焊剂均匀涂敷到焊接面的各处。如果条件允许，最好使用发泡装置，这样有利于助焊剂涂敷。

（3）在焊接时，要特别注意电路板底面与锡液应完全接触，保证电路板上各部分焊点同时完成焊接，焊接的时间应该控制在 3 s 左右。离开锡液的时候，最好让板面与锡液平面保持向上倾斜的夹角 δ（10°~ 20°），这样不仅有利于焊点内的助焊剂挥发，避免形成夹气焊点，还能让多余的锡液流下来。

（4）在浸锡过程中，为保证焊接质量，要随时清理刮除漂浮在熔化锡液表面的氧化物、杂质和焊料废渣，避免其进入焊点造成夹渣焊。

（5）根据焊料使用消耗的情况，及时补充焊料。

5.浸焊的优缺点

拓展知识
焊接工艺概述

（1）优点。浸焊比手工焊接效率高，设备也比较简单。

（2）缺点。由于锡槽内的焊锡表面是静止的，表面上的氧化物极易粘在被焊物的焊接处，造成虚焊；又由于锡液温度高，容易烫坏元器件，并导致印制电路板变形，因此，在现代电子产品生产中浸焊已逐渐被波峰焊所取代。

素养养成

（1）在进行元器件焊接时，手工焊接的效率低，如何提高焊接速度，提高生产效率，要积极进行思考，通过"头脑风暴"发散思维，要具有勇于创新的精神。

（2）在进行浸焊的优缺点分析时，要积极思考，找出浸焊存在的缺陷，并提出解决缺陷的方法，提高分析问题、解决问题的能力。

 任务实现 //

1.任务分组

任务工作单

组号：_____ 姓名：_____ 学号：_____ 检索号：____3111-1____

班级		组号		指导教师	
组长		学号			
组员	序号	姓名		学号	
	1				
	2				
	3				
	4				
	5				
任务分工					

2.自主探学

任务工作单1

组号：_____ 姓名：_____ 学号：_____ 检索号：____3112-1____

引导问题：

（1）什么是浸焊？

_____

（2）通用的浸焊机分哪两类？

_____

（3）手工浸焊的工艺要求是什么？

_____

（4）浸焊的时间是多少？

_____

（5）浸焊的深度和角度有何要求？

_____

任务工作单 2

组号：_____ 姓名：_____ 学号：_____ 检索号：____3112-2

引导问题：

（1）手工焊接效率低的解决方法是什么？

_____

_____

（2）操作浸焊机时应注意哪些问题？

_____

_____

（3）浸焊的优点和缺点是什么？

_____

_____

_____

（4）编制手工浸焊实施方案。

序号	操作要素	操作要领

3.合作研学

组号：＿＿＿＿＿　姓名：＿＿＿＿＿　学号：＿＿＿＿＿　检索号：＿＿3113-1＿＿

引导问题：

（1）小组交流讨论，教师参与，形成正确的手工浸焊实施方案。

序号	操作要素	操作要领

（2）记录自己存在的不足。

＿＿＿＿＿＿＿＿＿＿＿＿＿＿＿＿＿＿＿＿＿＿＿＿＿＿＿＿＿＿＿＿＿＿＿＿＿＿

4.展示赏学

组号：＿＿＿＿＿　姓名：＿＿＿＿＿　学号：＿＿＿＿＿　检索号：＿＿3114-1

引导问题：

（1）每小组推荐一位小组长，汇报手工浸焊实施方案，借鉴每组经验，进一步优化方案。

序号	操作要素	操作要领

（2）检讨自己的不足。

5.任务实施

组号：_____ 姓名：_____ 学号：_____ 检索号：___3115-1___

引导问题：

（1）按照手工浸焊实施方案，叙述手工浸焊实施过程，并记录叙述过程。

案例详解
手工浸焊实施方案

叙述要素	叙述要领	备注

（2）对比分析手工浸焊实施方案，并记录分析过程。

叙述要领	实际方案	是否有问题	原因分析

6.任务评价

（1）个人自评。

（2）小组内互评。

（3）小组间互评。

（4）教师评价。

评价反馈
子任务 3.1.1 评价表

子任务3.1.2 波峰焊技术认知

任务描述

　　电子产品大规模生产时大都采用自动焊接技术。在产品研制、设备维修，以及一些大规模、大型电子产品的生产中，大都广泛应用波峰焊自动焊接技术。所以通孔插装元器件的波峰焊自动焊接技术的认知，是从事电子技术工作人员所必须掌握的知识。

学习目标

知识目标

（1）掌握波峰焊工艺流程。

（2）掌握波峰焊工艺要求。

能力目标

（1）能够叙述波峰焊工艺流程。

（2）能够对波峰焊的温度工艺参数控制进行叙述。

素养目标

（1）树立绿色安全环保意识。

（2）具备一丝不苟、精益求精的精神。

重点与难点

重点：波峰焊工艺流程和工艺要求。

难点：波峰焊的温度工艺参数控制。

知识准备

　　波峰焊是借助泵的作用，在焊料槽液面形成特定形状的焊料波，然后将插装好元器件的印制板置于传送链上，以某一特定的角度以及一定的浸入深度穿过焊料波峰，与波峰相接触而实现焊点焊接的过程。这种方法适用于大批量焊接印制板，特点是质量好、速度快和操作方便，如果与自动插件器配合，即可实现半自动化生产。

　　实现波峰焊的设备称为波峰焊机。波峰焊机是在浸焊机的基础上发展起来的自动焊接设备，两者最主要的区别在于设备的焊锡槽。波峰焊机是利用焊锡槽内的机械式或电磁式离心泵，将熔融焊料压向喷嘴，从喷嘴中形成一股向上平稳喷涌的焊料波峰，并源源不断地溢出，如图 3-4 所示。

1.波峰焊的原理

装有元器件的印制电路板以平面直线匀速运动的方式通过焊料波峰，波峰的表面均被一层氧化皮覆盖，它在沿焊料波的整个长度方向上几乎都保持静态。在波峰焊接过程中，印制电路板焊接面接触焊料波的前沿表面，氧化皮破裂，印制电路板前面的焊料波被向前推进，这说明整个氧化皮与印制电路板以同样的速度移

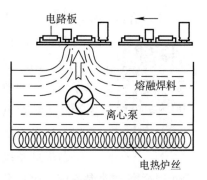

图3-4 波峰焊机焊锡槽示意

动。当印制电路板进入波峰面前端时，基板与引脚被加热，并在未离开波峰面之前，整个印制电路板浸在焊料中，即被焊料所桥接，但在离开波峰尾端的瞬间，少量的焊料由于润湿力的作用，黏附在焊盘上，并由于表面张力的作用会以引线为中心收缩至最小状态，此时焊料与焊盘之间的润湿力大于两焊盘之间的焊料内聚力，因此会形成饱满、圆整的焊点。离开波峰尾部的多余焊料，由于重力的作用回落到锡锅中，焊料在焊接面上形成润湿焊点而完成焊接。

与浸焊机相比，波峰焊设备具有如下优点：

（1）熔融焊料的表面漂浮一层抗氧化剂，抗氧化剂隔离了空气，只有焊料波峰处暴露在空气中，减少了焊料氧化的机率，可以减少焊料氧化带来的浪费。

（2）电路板接触高温焊料的时间短，可以减轻电路板因高温产生的变形。

（3）波峰焊机在焊料泵的作用下，使整槽的熔融焊料循环流动，焊料成分均匀一致，有利于提高焊点的质量。

2.波峰焊工艺过程

波峰焊过程：治具安装→喷涂助焊剂系统→预热→波峰焊接→冷却。下面分别介绍各步内容及作用。波峰焊机的内部结构示意图如图 3-5 所示。

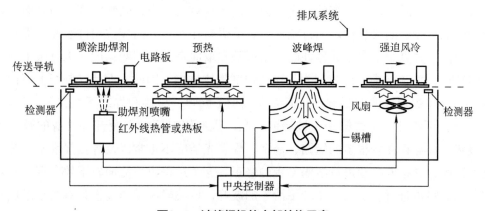

图3-5 波峰焊机的内部结构示意

（1）治具安装。治具安装是指给待焊接的印制电路板安装夹持的治具，可以限制基板受热变形的程度，防止冒锡现象的发生，从而确保浸锡效果的稳定。

视频链接
波峰焊工艺过程

（2）助焊剂系统。助焊剂系统是保证焊接质量的第一个环节，其主要作用是均匀地涂覆助焊剂，除去印制电路板和元器件焊接表面的氧化层和防止焊接过程中印制电路板和元器件再氧化。助焊剂的涂覆一定要均匀，尽量不要产生堆积，否则将会导致焊接元器件短路或开路。

助焊剂系统有多种，包括喷雾式、喷流式（波峰式）和发泡式。一般使用喷雾式助焊系统，采用免清洗助焊剂。这是因为免清洗助焊剂中固体含量极少，所以必须采用喷雾式助焊系统涂覆助焊剂，同时在焊接系统中加防氧化系统，保证在印制电路板上得到一层均匀细密很薄的助焊剂涂层，这样才不会因第一个波的擦洗作用和助焊剂的挥发，造成助焊剂量不足，而导致焊料桥接或拉尖。

（3）预热系统。

① 预热系统的作用。

a. 助焊剂中的溶剂成分在通过预热器时，将会受热挥发，从而避免溶剂成分在经过液面时高温气化造成炸裂，消除产生锡粒的品质隐患。

b. 待浸锡产品搭载的部件在通过预热器时缓慢升温，可避免经过波峰时因骤热产生的物理作用造成部件损伤的情况发生。

c. 预热后的部件或端子在经过波峰时不会因自身温度较低的因素而大幅度降低焊点的焊接温度，从而确保焊料在规定的时间内达到温度要求。

② 预热方法。波峰焊机中常见的预热方法有三种：空气对流加热；红外加热器加热；热空气和辐射相结合的方法加热。

③ 预热温度。一般预热温度为130~150 ℃，预热时间为1~3 min。预热温度控制得好，可防止虚焊、拉尖和桥接，减小焊料波峰对基板的热冲击，有效地避免焊接过程中印制电路板翘曲、分层和变形问题。

（4）焊接系统。焊接系统一般采用双波峰。在采用波峰焊接时，印制电路板先接触第一个波峰，然后再接触第二个波峰。第一个波峰是由窄喷嘴喷流出的"湍流"波峰，该波峰流速快，对组件有较高的垂直压力，使焊料对尺寸小，贴装密度高的表面组装元器件的焊端有较好的渗透性。通过湍流的熔融焊料在所有方向擦洗组件表面，提高了焊料的润湿性，并克服了由于元器件的复杂形状和取向带来的问题；同时也克服了焊料的"遮蔽效应"。湍流波向上的喷射力足以使焊剂气体排出，因此，即使印制板上不设置排气孔也不存在焊剂气体的影响，从而大大减少了漏焊、桥接和焊缝不充实等焊接缺陷，提高了焊接可靠性。经过第一个波峰的产品，因浸锡时间短以及部件自身的散热等因素，浸锡后焊点存在着很多的短路、锡多、焊点光洁度不正常以及焊接强度不足等不良情况。因此，紧接着必须进行浸锡不良的修正，这个过程由喷流面较平较宽阔、波峰较稳定的二级喷流进行。这是一个"平滑"的波峰，该波峰流动速度慢，有利于形成充实的焊缝，同时也可有效地去除焊端上过量的焊料，并使所有焊接面上的焊料润湿良好，修正了焊接面，消除了可能的拉尖或桥接，焊点获得充实无缺陷的焊缝，最终确保了组件焊接的可靠性。

（5）冷却。焊接后要立即进行冷却，适当的冷却有助于增强焊点接合强度。同时，冷却后的产品更利于后续操作人员的作业。冷却方式大都采用强迫风冷。

3.波峰焊工艺要求

（1）波峰焊接材料的补充。

① 焊料。波峰焊一般采用 Sn63/Pb37 的共晶焊料，该焊料熔点为 183 ℃。Sn 的含量应该保持在 61.5% 以上，并且 Sn/Pb 两者的含量比例误差不得超过 ±1%。根据设备的使用情况，每隔三个月到半年定期检查焊料中的 Sn 的含量和主要金属杂质含量。如果含量不符合要求，可以更换焊料或采取其他措施。例如，当 Sn 的含量低于标准含量时，可以添加纯 Sn 以保证含量比例。

② 助焊剂。焊接使用的助焊剂要求表面张力小，扩展率大于 85%；黏度小于熔融焊料；比重在 0.82~0.84 g/ml，可以用相应的溶剂来稀释调整，焊接后容易清洗。对于要求不高的电子产品，可以采用中等活性的松香助焊剂，焊接后不必清洗，当然也可以使用免清洗助焊剂。通信、计算机等电子产品，可以采用免清洗助焊剂，或者用清洗型助焊剂，焊接后要进行清洗。

③ 焊料添加剂。在波峰焊的焊料中，还要根据需要添加和补充一些辅料，比如防氧化剂和锡渣减除剂。防氧化剂可以减少高温焊接时焊料的氧化，不仅可以节约焊料，还能提高焊点质量。防氧化剂由油类与还原剂组成，要求还原能力强，在焊接温度下不会碳化。锡渣减除剂能让熔融的焊料与锡渣分离，防止锡渣混入焊点，并节省焊料。

（2）其他工艺要求。

① 元器件的可焊性。元器件的可焊性是焊接良好的一个主要方面。对可焊性的检查要定时进行。

② 波峰高度及波峰平稳性。波峰高度是作用波的表面高度。较好的波峰高度是以波峰达到线路板厚度的 1/2~2/3 为宜。波峰过高易拉毛、堆锡，还会使焊锡溢到电路板上面，烫伤元件；波峰过低，易漏焊和挂焊。

③ 焊接温度。焊接温度是指被焊接处与溶化的焊料相接触时的温度。温度过低会使焊点毛糙、不光亮，造成虚、假焊及拉尖；温度过高，易使电路板变形，烫伤元件。

④ 传递速度。印制电路板的传递速度决定焊接时间。传递速度过慢，则焊接时间长且温度高，给印制电路板及元器件带来不良影响；传递速度过快，则焊接时间短，容易造成假焊、虚焊和桥焊等不良现象。焊点与熔化的焊料所接触的时间以 3~4 s 为宜，即印制电路板选用 1 m/min 左右的速度传递。

⑤ 传递角度。在印制电路板的前进过程中，当印制板与焊接焊料的波峰成一个角度时，则可以减少挂锡、拉毛和气泡等不良现象，所

难点讲解
波峰焊工艺参数控制

以在波峰焊接时印制电路板与波峰通常成 5°~8° 的仰角。

⑥氧化物的清理。锡槽中焊料长时间与空气接触易氧化，氧化物漂浮在焊料表面，积累到一定程度，会随焊料一起喷到印制电路板上，使焊点无光泽，造成渣孔和桥接等缺陷，因此要定期清理氧化物。一般每四小时清理一次，并在焊料中加入抗氧化剂。

（3）波峰焊的温度工艺参数控制。

理想的双波峰焊的焊接温度曲线如图 3-6 所示。从图中可以看出，整个焊接过程被分为三个温度区域：预热、焊接、冷却。实际的焊接温度曲线可以通过对设备的控制系统编程进行调整。

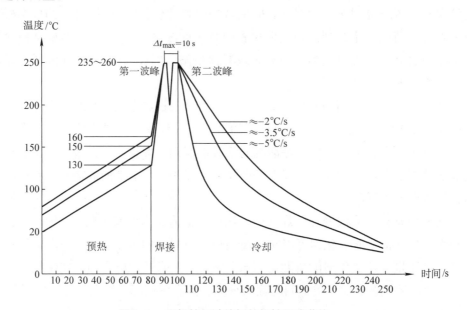

图3-6　理想的双波峰焊的焊接温度曲线

①预热区温度控制。在预热区内，电路板上喷涂的助焊剂中的溶剂挥发，可以减少焊接时气体的产生。同时，松香和活化剂开始分解活化，去除焊接面上的氧化层和其他污染物，并且防止金属表面在高温下再次氧化。印制电路板和元器件被充分预热，可以有效地避免焊接时急剧升温产生的热应力损坏。电路板的预热温度及时间，要根据印制板的大小、厚度、元器件的尺寸和数量，以及贴装元器件的多少而确定。在印制电路板表面测量的预热温度应该在 90 ℃~130 ℃之间，多层板或贴片元器件较多时，预热温度取上限。

预热时间由传送带的速度来控制。如果预热温度偏低或预热时间过短，助焊剂中的溶剂挥发不充分，焊接时就会产生气体导致气孔、锡珠等焊接缺陷；如果预热温度偏高或预热时间过长，焊剂被提前分解，则焊剂失去活性，同样会导致毛刺、桥接等焊接缺陷。

恰当控制预热温度和时间，使印制电路板和元器件达到最佳的预热温度，可以参考表 3-1 进行设置，也可以从波峰焊前涂覆在印制电路板底面的助焊剂是否有黏性来进行判断。

表3-1　不同印制电路板在波峰焊时的预热温度

PCB类型	元器件种类	预热温度/℃
单面板	THC+SMD	90~100
双面板	THC	90~110
双面板	THC+SMD	100~110
多层板	THC	110~125
多层板	THC+SMD	110~130

②焊接区温度控制。焊接过程是焊接金属表面、熔融焊料和空气等之间相互作用的复杂过程，同样必须控制好焊接温度和时间。如果焊接温度偏低，液体焊料的黏性大，不能很好地在金属表面浸润和扩散，就容易产生拉尖、桥接和焊点表面粗糙等缺陷；如果焊接温度过高，就容易损坏元器件，还会由于焊剂被碳化失去活性、焊点氧化速度加快，产生焊点发乌、不饱满等问题。测量波峰表面温度，一般应该在 250±5 ℃的范围之内。因热量、温度是时间的函数，在一定温度下，焊点和元器件的受热量随时间而增加。波峰焊的焊接时间可以通过调整传送带的速度来控制。传送带的速度，要根据不同波峰焊机的长度、预热温度和焊接温度等因素进行调整。以每个焊点接触波峰的时间来表示焊接时间，一般焊接时间为 3~4 s。双波峰焊的第一波峰焊接温度一般设置在 235~240 ℃，焊接时间 1 s 左右，第二波峰焊接温度一般设置在 240~260 ℃，焊接时间在 3 s 左右。

③冷却区温度控制。为了减少印制电路板的受热时间，防止印制电路板变形，提高印制导线与基板的附着强度，增加焊接点的牢固性，焊接后应立即冷却。冷却区温度应根据产品的工艺要求、环境温度，以及印制电路板传送带速度等来确定，冷却区温度下降可设置成 2 ℃/s、3.5 ℃/s、5 ℃/s 等下降速度。

综合调整控制工艺参数，对提高波峰焊质量非常重要。焊接温度和焊接时间，是形成良好焊点的首要条件。焊接温度和焊接时间，与预热温度、焊料波峰的温度、导轨的倾斜角度和传送带速度都有关系。

拓展知识
自动插装设备

 任务实现 //

1.任务分组

任务工作单

组号：_____ 姓名：_____ 学号：_____ 检索号：___3121-1___

班级		组号		指导教师	
组长		学号			
组员	序号	姓名		学号	
	1				
	2				
	3				
	4				
	5				
任务分工					

2.自主探学

任务工作单 1

组号：_____ 姓名：_____ 学号：_____ 检索号：___3122-1___

引导问题：

（1）简述波峰焊的原理。

_____

（2）与浸焊机相比，波峰焊设备具有什么优点？

_____

（3）波峰焊工艺过程包括哪五步？

_____

（4）助焊剂系统有哪几种？最常用的是哪种？

_____

（5）波峰焊整个焊接过程被分为哪三个温度区域？

_____

任务工作单 2

组号：_____ 姓名：_____ 学号：_____ 检索号：__ 3122-2

引导问题：

（1）如何向别人解释波峰焊？

_____

_____

（2）波峰焊工艺焊接材料的补充都有哪些材料需要补充？

_____

_____

（3）波峰焊的温度工艺参数如何控制？

_____

_____

_____

（4）编制波峰焊工艺过程的实施方案。

序号	工艺过程要素	工艺过程要领

3.合作研学

组号：_____ 姓名：_____ 学号：_____ 检索号：___3123-1___

引导问题：

（1）小组交流讨论，教师参与，形成正确的波峰焊工艺过程实施方案。

序号	工艺过程要素	工艺过程要领

（2）记录自己存在的不足。

_____

4.展示赏学

组号：_____ 姓名：_____ 学号：_____ 检索号：___3124-1___

引导问题：

（1）每小组推荐一位小组长，汇报波峰焊工艺过程实施方案，借鉴每组经验，进一步优化方案。

序号	工艺过程要素	工艺过程要领

（2）检讨自己的不足。

_____

5.任务实施

组号:_____ 姓名:_____ 学号:_____ 检索号:____3125-1____

引导问题:

(1)按照波峰焊工艺过程实施方案,对波峰焊工艺过程进行叙述,并记录叙述过程。

案例详解
波峰焊工艺过程实施步骤

工艺过程要素	工艺过程要领	备注

(2)对比分析波峰焊工艺过程实施步骤,并记录分析过程。

工艺过程要领	实际步骤	是否有问题	原因分析

6.任务评价

(1)个人自评。

(2)小组内互评。

(3)小组间互评。

(4)教师评价。

评价反馈
子任务 3.1.2 评价表

任务3.2　自动焊接设备工艺分析

子任务3.2.1　波峰焊机认知

任务描述

实现波峰焊的设备为波峰焊机。那么波峰焊机都由哪几部分构成？按照不同的焊接要求分为哪几类？各有什么特点？波峰焊机的基本操作流程如何？这些都需要我们学习掌握。

学习目标

知识目标

（1）明确波峰焊接机的分类。

（2）了解波峰焊接设备的操作流程。

能力目标

（1）能够说出最常见的双波峰组合。

（2）能对波峰焊机的操作流程进行叙述。

素养目标

（1）激发报效国家的家国情怀。

（2）养成遵守操作规程的职业素养。

重点与难点

重点：波峰焊机的波峰组合形式。

难点：波峰焊机操作的流程。

知识准备

1.常见的波峰焊机

早期的波峰焊机在焊接过程中经常产生一些焊接缺陷，如常出现气泡遮蔽效应和阴影效应。为了避免老式波峰焊机在焊接时容易造成焊料堆积、焊点短路等现象，以及利用波峰焊机焊接 SMT 电路板时，易产生气体遮蔽效应和阴影效应等问题，现在许多波峰焊机有了改进。新型波峰焊机外形如图 3-7 所示。

图3-7　新型波峰焊机外形

1）斜坡式波峰焊机

斜坡式波峰焊机是一种单波峰焊机，它与一般波峰焊机的区别在于传送导轨是以一定角度的斜坡方式安装的，如图 3-8（a）所示。这种波峰焊机优点是增加了电路板焊接面与焊锡波峰接触的长度。假如电路板以一般波峰焊机的速度通过波峰，则等效增加了焊点浸润时间，从而提高了传送导轨的运行速度和焊接效率；这不仅有利于焊点内的助焊剂挥发，避免形成夹气焊点，还能让多余的焊锡流下来，保证了焊点的焊接质量。

2）高波峰焊机

高波峰焊机也是一种单波峰焊机，它的焊锡槽及其锡波喷嘴如图 3-8（b）所示，它适用于 THT 元器件长引脚插焊工艺，其特点是焊料离心泵的功率较大，从喷嘴中喷出的锡波高度比较高，并且其高度可以调节，保证元器件的引脚从锡波里顺利通过。一般情况下在高波峰焊机的后面会配置剪腿机，用来剪短元器件的引脚。

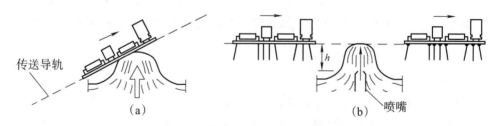

传送导轨

（a）　　　　　　　　　　　　　　　喷嘴　（b）

图3-8　斜坡式波峰焊机和高波峰焊机

（a）斜坡式波峰焊机；（b）高波峰焊机

3）双波峰焊机

为了适应 SMT 技术的发展和焊接那些 THT+SMT 混合元器件的电路板，在单波峰焊机基础上改进形成了双波峰焊机，即有两个波峰的焊机。双波峰焊机的焊料波形有三种：空心波、紊乱波、宽平波。一般两个焊料波峰的形式是不同的，最常见的波峰组合是紊乱波＋宽平波、空心波＋宽平波。双波峰焊机的焊料波形如图 3-9 所示。

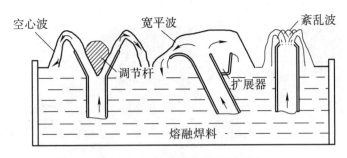

图3-9 双波峰焊机的焊料波型

（1）空心波。空心波的特点是在熔融铅锡焊料的喷嘴出口设置了指针形调节杆，让焊料溶液从喷嘴两边对称的窄缝中均匀地喷流出来，使两个波峰的中部形成一个空心的区域，并且两边焊料溶液喷流的方向相反。由于空心波的流体力学效应，它的波峰不会将元器件推离基板，相反却使元器件贴向基板。空心波的波型结构，可以从不同方向消除元器件的阴影效应，有极强的填充死角、消除桥接的效果。它能够焊接 SMT 元器件和引线元器件混合装配的印制电路板，特别适合焊接极小的元器件，即使是在焊盘间距为 0.2 mm 的高密度印制电路板上，也不会产生桥接。空心波焊料溶液喷流形成的波柱薄、截面积小，使印制电路板基板与焊料溶液的接触面减小，不仅有利于助焊剂热分解气体的排放，克服了气体遮蔽效应，还减少了印制电路板吸收的热量，降低了元器件损坏的概率。

（2）紊乱波。在双波峰焊机中，用一块多孔的平板替换空心波喷口的指针形调节杆，就可以获得由若干个小的子波构成的紊乱波。看起来像平面涌泉似的紊乱波，也能很好地克服一般波峰焊的气体遮蔽效应和阴影效应。

（3）宽平波。在焊料的喷嘴出口处安装扩展器，熔融的铅锡溶液从倾斜的喷嘴喷流出来，就形成偏向宽平波（也叫片波）。逆着印制电路板前进方向的宽平波的流速较大，对电路板有很好的擦洗作用；在设置扩展器的一侧，溶液的波面宽而平，流速较小，使焊接对象可以获得较好的后热效应，起到修整焊接面、消除桥接、拉尖和丰满焊点轮廓的效果。

4）选择性波峰焊设备

近年来，SMT 元器件的使用率不断上升，在某些混合装配的电子产品里甚至已经占到 95% 左右，按照以往的思路，对电路板 A 面进行再流焊、B 面进行波峰焊的方案已经面临挑战。在以集成电路为主的产品中，很难保证在 B 面只贴装耐受温度高的 SMC 元件，不贴装 SMD 元件（如集成电路，它承受高温的能力较差，可能因波峰焊导致损坏）。假如用手工焊接的办法对少量 THT 元件实施手工焊接，又感觉难以保证一致性。为此，行业推出了选择性波峰焊设备。这种设备的工作原理是在由电路板设计文件转换的程序控制下，小型波峰焊锡槽和喷嘴移动到电路板需要补焊的位置，依次、定量喷涂助焊剂并喷涌焊料波峰，进行局部焊接。

视频链接
波峰焊机的分类

2.波峰焊机的操作

1）波峰焊基本操作规程

（1）准备工作。

难点讲解
波峰焊机的操作

① 检查波峰焊机配用的通风设备是否良好。

② 检查波峰焊机定时开关是否良好。

③ 检查锡槽温度指示器是否正常。

方法：进行温度指示器上下调节，然后用温度计测量锡槽液面下 10~15 mm 处的温度，判断温度是否随其变化。

④ 检查预热器系统是否正常。

方法：打开预热器开关，检查其是否升温且温度是否正常。

⑤ 检查切脚刀的工作情况。

方法：根据印制电路板的厚度与所留元件引线的长度调整刀片的高度，然后将刀片架拧紧使其平稳，开机目测刀片的旋转情况，最后检查保险装置是否失灵。

⑥ 检查助焊剂容器压缩空气的供给是否正常。

方法：倒入助焊剂，调好进气阀，开机后助焊剂发泡，使用试样印制电路板将泡沫调到电路板厚度的 1/2 处，再拧紧减压阀，待正式操作时不再动此阀，只开进气开关即可。

⑦ 待以上程序全部正常后，方可将所需的各种工艺参数预置到设备的有关位置上。

（2）操作规则。

① 波峰焊机需要 1~2 名经过培训的专职工作人员进行操作管理，并能进行一般性的维修保养。

② 开机前，操作人员需配戴粗纱手套拿棉纱将设备擦干净，并向注油孔内注入适量润滑油。

③ 操作人员需配戴橡胶防腐手套清除锡槽及焊剂槽周围的废物和污物。

④ 操作间内设备周围不得存放汽油、酒精和棉纱等易燃物品。

⑤ 焊机运行时，操作人员要佩戴防毒口罩，同时要佩戴耐热耐燃手套进行操作。

⑥ 非工作人员不得随便进入波峰焊操作间。

⑦ 工作场所不允许吸烟、吃食物。

⑧ 进行插装工作时要穿戴工作帽、鞋和工作服。

2）单机式波峰焊的操作过程

（1）打开通风开关。

（2）开机。

① 接通电源。

② 接通锡槽加热器。

③ 打开发泡喷涂器的进气开关。

④ 焊料温度达到规定数据时，检查锡槽液面，若锡槽液面太低要及时添加焊料。

⑤ 开启波峰焊气泵开关，用装有印制电路板的专用夹具来调整压锡深度。

⑥ 清除锡槽液面残余氧化物，在锡槽液面干净后添加防氧化剂。

⑦ 检查助焊剂，如果储液箱液面过低需加适量助焊剂。

⑧ 检查调整助焊剂密度，使其符合要求。

⑨ 检查助焊剂发泡层是否良好。

⑩ 打开预热器温度开关，调到所需温度位置。

⑪ 调节传动导轨的角度。

⑫ 开通传送机开关并调节其速度到需要的数值。

⑬ 开通冷却风扇。

⑭ 将焊接夹具装入导轨。

⑮ 印制电路板装入夹具，印制电路板四周要贴紧夹具槽，夹具力度要适中，然后把夹具放到传送导轨的始端。

3）波峰焊机操作工艺流程

波峰焊机操作人员应详细熟悉设备原理、电路原理图、技术说明书和其他辅助资料后方可操作。

（1）开动波峰焊机前应检查机床各部件螺丝有无松动。

（2）打开电源。

（3）将锡锅温度与预热温度设置至工艺要求后打开电热开关。

拓展知识
新型焊接

（4）在焊剂储液箱内加满一定浓度的助焊剂。

（5）调节喷雾槽空气压力与流量，使喷雾效果最佳。

（6）调整链爪速度至工艺要求。

（7）调整链爪开档至与印制电路板同宽。

（8）待温度达到设定值时，启动锡泵，输送印制电路板进行焊接。

（9）焊接结束后关闭电源，清扫作业现场。

素养养成

（1）在进行波峰焊机的设备技术学习时，通过波峰焊机设备的技术水平知道中国设备制造水平与西方发达国家还有一定差距，要有为国家的科技进步做出应有贡献的责任感和使命感，要有报效国家的情怀。

（2）在进行波峰焊基本操作规程的学习时，通过不遵守操作规程导致事故的反面案例明白遵守操作规程的重要性，强化遵守操作规程的意识，提高遵守操作规程的职业素质。

 **任务实现**

1.任务分组

任务工作单

组号：_____ 姓名：_____ 学号：_____ 检索号：___3211-1___

班级		组号		指导教师	
组长		学号			
组员	序号	姓名		学号	
	1				
	2				
	3				
	4				
	5				
任务分工					

2.自主探学

任务工作单 1

组号：_____ 姓名：_____ 学号：_____ 检索号：___3212-1___

引导问题：

（1）波峰焊机的基本组成部分有哪些？

_____

（2）波峰焊机分为哪几类？

_____

（3）双波峰焊机的焊料波形有哪三种？

_____

（4）最常见的双波峰焊机的波峰组合是哪两种？

_____

（5）波峰焊机的基本操作规则是什么？

_____

任务工作单 2

组号：_____　　姓名：_____　　学号：_____　　检索号：_____ 3212-2

引导问题：

（1）波峰焊机的准备工作都检查什么？

_____

_____

（2）空心波的特点是什么？

_____

_____

（3）紊乱波能很好地克服一般波峰焊的什么效应？

_____

_____

_____

（4）编制波峰焊机操作工艺流程实施方案。

序号	操作要素	操作要领

3.合作研学

组号：_____ 姓名：_____ 学号：_____ 检索号：___3213-1___

引导问题：

（1）小组交流讨论，教师参与，形成正确的波峰焊机操作工艺流程实施方案。

序号	操作要素	操作要领

（2）记录自己存在的不足。

_____

4.展示赏学

组号：_____ 姓名：_____ 学号：_____ 检索号：___3214-1___

引导问题：

（1）每小组推荐一位小组长，汇报波峰焊机操作工艺流程实施方案，借鉴每组经验，进一步优化方案。

序号	操作要素	操作要领

（2）检讨自己的不足。

_____

5.任务实施

任务工作单

组号：_____ 姓名：_____ 学号：_____ 检索号：____3215-1____

案例详解
波峰焊机操作工艺流程
实施方案

引导问题：

（1）按照波峰焊机操作工艺流程实施方案，对波峰焊机操作工艺流程实施方案进行叙述，并记录实施过程。

叙述要素	叙述要领	备注

（2）对比分析波峰焊机操作工艺流程实施方案，并记录分析过程。

操作要领	实际操作	是否有问题	原因分析

6.任务评价

（1）个人自评。
（2）小组内互评。
（3）小组间互评。
（4）教师评价。

评价反馈
子任务 3.2.1 评价表

子任务3.2.2　波峰焊实施

任务描述

任务：双声道音响功放电路板波峰焊接。

（1）根据印制电路板及元器件装配图对照电路原理图和材料清单，对已经检测好的元器件进行引线成型加工处理。

（2）对照印制电路板及元器件装配图按照正确装配顺序进行元器件的插装，使用波峰焊机进行焊接。

（3）装配焊接后检查印制电路板，无误后通电试验。

功放电路原理如图 3-10 所示。

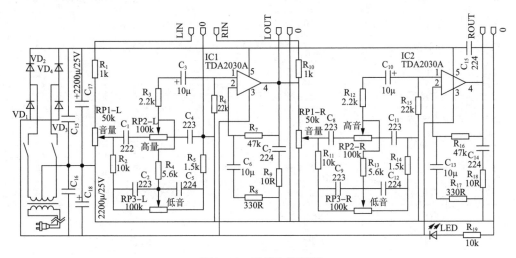

图3-10　功放电路原理

印制电路板（焊接面）及其元件装配分别如图 3-11、图 3-12 所示（高清图见二维码）。

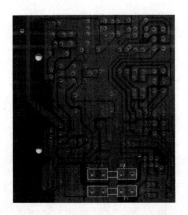

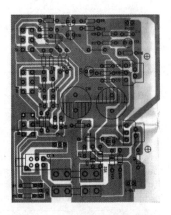

图 3-11 和图 3-12
高清图

图3-11　印制电路板（焊接面）　　**图3-12　印制电路板元件装配**

功放电路材料清单如表 3-2 所示。

表3-2　功放电路材料清单

序号	名称	型号规格	位号	数量
1	集成电路	TDA2030A	IC_1、IC_2	2
2	二极管	1N4001	$VD-VD_4$	4
3	电阻器	10 Ω	R_9、R_{18}	2
4	电阻器	330 Ω	R_8、R_{17}	2
5	电阻器	1 kΩ	R_1、R_{10}	2
6	电阻器	1.5 kΩ	R_5、R_{14}	2
7	电阻器	2.2 kΩ	R_3、R_{12}	2
8	电阻器	5.6 kΩ	R_4、R_{13}	2
9	电阻器	10 kΩ	R_2、R_{11}、R_{19}	3
10	电阻器	22 kΩ	R_6、R_{15}	2
11	电阻器	47 kΩ	R_7、R_{16}	2
12	瓷片电容	222 pF	C_1、C_8	2
13	瓷片电容	223 pF	C_2、C_4、C_9、C_{11}	4
14	瓷片电容	104 pF	C_{15}、C_{16}	2
15	瓷片电容	224 pF	C_5、C_7、C_{12}、C_{14}	4
16	电解电容	10 μF	C_3、C_6、C_{10}、C_{13}	4
17	电解电容	2200 μF/25 V	C_{17}、C_{18}	2
18	电位器	B50 K	RP_1	1
19	电位器	B100 K	RP_2、RP_3	2
20	散热片			1
21	螺母	M7	电位器	3
22	发光二极管	ϕ3 mm	LED	1
23	螺丝	3×8PA		1
24	螺丝	3×8PM		2
25	电源开关			1
26	保险丝座			4
27	保险丝	10 A		2
28	2P排线	3+250+3 mm/间距2.5 mm/ϕ1.2 mm	2	
29	3P排线	3+250+3 mm/间距2.5 mm/ϕ1.2 mm	1	
30	线路板	2025	1	

 **学习目标** //

知识目标

（1）掌握印制电路板插装波峰焊接工艺设计方法。

（2）掌握手工插装和自动插装技术。

能力目标

（1）能够根据装配图正确进行电子元器件的插装。

（2）能够根据组装的印制电路板的不同对波峰焊机进行相应的操作调整。

素养目标

（1）具有吃苦耐劳的工作精神。

（2）提高团结协作的能力。

重点与难点 //

重点：波峰焊接设备的操作流程。

难点：THT元器件的波峰焊接过程控制。

 **知识准备** //

1.电路板插装波峰焊接工艺设计

1）波峰焊接前的准备

（1）根据电路原理图与元器件装配图对照材料清单进行元器件的识读。

（2）印制电路板检查及元器件的识别与检测。

（3）元器件引线成型加工及导线准备。

（4）通孔插装元器件的插装。

（5）波峰焊接设备的准备。

2）波峰焊接的实施

（1）开启助焊剂开关，发泡时泡沫需达到调板厚度的1/2；喷雾时要求板面均匀，喷雾量适当，一般以不喷元件面为宜。

（2）调节风刀风量，使板上多余的助焊剂滴回发泡槽，避免滴到预热器上，引起着火。

（3）开启运输开关，调节运输速度到需要的数值。

（4）开启冷却风扇。

3）插装后检查测试印制电路板

（1）目视检验：目视检验简单易行，借助简单工具如直尺、卡尺、放大镜等，对要求不高的印制电路板可以进行质量把关。

（2）连通性检验：使用万用表对导电图形连通性能进行检测，重点是双面板的金属化孔和多层板的连通性能。

（3）绝缘性检验：检测同一层不同导线之间或不同层导线之间的绝缘电阻以确认印制电路板的绝缘性能。检测时应在一定温度进行。

（4）可焊性检验：检验焊料对导电图形润湿性能。

（5）镀层附着力检验：检验镀层附着力可采用胶带试验法，将质量好的透明胶带粘到要测试的镀层上，按压均匀后快速掀起胶带一端扯下，镀层无脱落为合格。

此外还有铜箔抗剥强度、镀层成分、金属化孔抗拉强度等多种指标，可根据印电路制板的要求选择检测内容。

2.通孔插装元器件准备

1）插装的准备

开始插装元器件以前，除了要事先做好对元器件的测试筛选以外，还要进行以下两项准备工作：一是要检查元器件引线的可焊性，若可焊性不好，就必须进行镀锡处理；二是要根据元器件在印制电路板上的安装形式，对元器件的引线进行整形，使其符合安装要求。

2）预处理

元器件引线在成型前必须进行加工处理。引线的加工处理主要包括引线的校直、表面清洁及上锡三个步骤。引线处理后要求不允许有伤痕、镀锡层均匀、表面光滑、无毛刺和残留物。

3）元器件引线成型

对于通孔插装的元器件，在安装前，都要对引线进行成型处理。对采用自动焊接的元器件，最好把引线加工成耐热的形状。

3.通孔插装元器件的插装

1）插装的原则

将元器件插装到印制电路板上，应按工艺指导卡进行，元器件的插装总原则为先小后大、先轻后重、先低后高、先里后外，先插装的元器件不能妨碍后插装的元器件。

2）一般元器件的插装要求

要根据产品特点和设备条件安排装配的顺序。所有组装件应按设计文件及工艺文件要求进行插装。插装装联过程应严格按工艺文件中的工序进行。

凡不宜采用波峰焊接工艺的元器件，一般先不装入印制电路板，待波峰焊接完成后再按要求装联。

插装静电敏感元器件时，一定要在防静电的工作台上进行，带好接地腕带。

3）特殊元器件的插装要求

大功率晶体管、电源变压器、彩色电视机高压包等大型元器件的插孔要加固。体积、质量等都较大的大容量电解电容器，容易发生元器件倾斜、引线折断及焊点焊盘损坏现象。因此，必要时这种元器件的插孔除加固外，还要用黄色硅胶将其底部粘在印制电路板上。

中频变压器、输出输入变压器带有固定插脚，插入电路板插孔后，须将插脚压倒，以便焊锡固定。较大的电源变压器则采用螺钉固定，并加弹簧圈防止螺钉、螺母松动。

集成电路引线脚比晶体管和其他元器件多，引线间距也小，装插前应用夹具整形，插装时要弄清引线脚排列顺序，并和插孔位置对准，用力时要均匀，不要倾斜，以防引线脚折断或偏斜。

4.波峰焊接设备的准备

对波峰焊机进行导轨尺寸调整、传送坡度调整、焊锡槽温度调整和助焊剂喷涂调整。

1）生产用具、原材料

焊锡炉、排风机、空压机、夹子、刮刀、插好元器件的电路板、助焊剂、锡条、稀释剂、切脚机和波峰焊机。

2）准备工作

（1）按要求打开焊锡炉、波峰焊机的电源开关，将温度设定为 255~265 ℃，加入适量锡条。

（2）将助焊剂和稀释剂按工艺卡的比例要求调配好，并开启发泡机。

（3）调节切脚机的高度、宽度到相应位置，传送带的宽度及平整度与电路板相符，切脚高度为 1~1.2 mm，将切脚机传送带和切刀电源开关置于 ON 位置。

（4）调整好上、下道流水线速度，打开排风设备。

（5）检查待加工材料批号及相关技术要求，发现问题提前上报进行处理。

（6）按波峰焊操作规程对整机进行熔锡、预热、清洗，调节传送速度与电路板相应宽度，直到启动灯亮为止。

5.波峰焊接的实施

波峰焊机由喷涂助焊剂装置、预热装置、焊料槽、冷却风扇和传动机构等组成。根据各组成部分的作用和功能，按先后顺序进行焊接，一般波峰焊的流水工艺为印制电路板（插好元器件的）上夹具→喷涂助焊剂→预热→波峰焊接→冷却→质检。

难点讲解
波峰焊工艺过程

印制电路板通过传送带进入波峰焊机以后，会经过某个形式的助焊剂涂敷装置，将助焊剂利用喷射的方式涂敷到印制电路板上。印制电路板在进入焊料槽前要先经过一个预热区。助焊剂涂敷之后的预热可以逐渐提升印制电路板的温度并使助焊剂活化，减小组装件进入波峰时产生的热冲击，蒸发掉所有可能吸收的潮气或稀释助焊剂的载体溶剂。波峰焊机预热段的长度由产量和传送带速度来决定：产量越高，为使板子达到所需的浸润温度需要的预热区越长。

6.装接后的检查测试

波峰焊是进行高效率、大批量焊接电路板的主要手段之一，操作中如有不慎，就可能出现焊接质量问题。所以操作人员应对波峰焊机的构造、性能和特点有全面的了解，并熟悉设备的操作方法，在操作中还要做好三检查。

1）焊前检查

工作前应对设备的各个部分进行可靠性检查。

2）焊中检查

在焊接过程中应不断检查焊接质量，检查焊料成分，及时去除焊料表面的氧化层，添加防氧化剂，并及时补充焊料。

3）焊后检查

对焊接的质量进行抽查可以及时发现问题，少数漏焊可用手工补焊。

> **素养养成**
>
> （1）波峰焊的实施要求设备能够连续工作，生产的连续运行需要工作人员的不间断倒班，知道工作的辛苦，要具有吃苦耐劳的精神。
>
> （2）以小组为单位总结汇报，PPT的制作需要小组成员分工协作，要有团队意识，要有团结协作的精神。

1.任务分组

组号：_____ 姓名：_____ 学号：_____ 检索号：___3221-1___

班级		组号		指导教师	
组长		学号			
组员	序号	姓名		学号	
	1				
	2				
	3				
	4				
	5				
任务分工					

2.自主探学

组号：_____ 姓名：_____ 学号：_____ 检索号：___3222-1___

引导问题：

（1）电路板插装波峰焊接工艺设计方法是什么？

_____

（2）通孔插装元器件都需要做哪些准备？

_____

（3）通孔插装元器件插装原则是什么？

_____

（4）大型元器件的插装有何要求？

_____

（5）波峰焊接生产用具、原材料都要准备哪些？

_____

任务工作单 2

组号：_____ 姓名：_____ 学号：_____ 检索号：____3222-2____

引导问题：

（1）波峰焊接前的准备工艺设计是什么？

_____

_____

（2）对不宜采用波峰焊接工艺的元器件如何处理？

_____

_____

（3）如何调整导轨的宽度？

_____

_____

_____

（4）编制音响功放电路板波峰焊接实施方案。

序号	操作要素	操作要领

3.合作研学

组号：_____ 姓名：_____ 学号：_____ 检索号：____3223-1____

引导问题：

（1）小组交流讨论，教师参与，形成正确的音响功放电路板波峰焊接实施方案。

序号	操作要素	操作要领

（2）记录自己存在的不足。

_____

4.展示赏学

组号：_____ 姓名：_____ 学号：_____ 检索号：____3224-1____

引导问题：

（1）每小组推荐一位小组长，汇报音响功放电路板波峰焊接实施方案，借鉴每组经验，进一步优化方案。

序号	操作要素	操作要领

（2）检讨自己的不足。

_____

5.任务实施

任务工作单

组号：＿＿＿＿＿　姓名：＿＿＿＿＿　学号：＿＿＿＿＿　检索号：＿＿3225-1＿＿

案例详解
音响功放电路板波峰焊接
实施方案

引导问题：

（1）按照音响功放电路板波峰焊接实施方案，对音响功放电路板实施波峰焊接，并记录实施过程。

操作要素	操作要领	备注

（2）对比分析音响功放电路板波峰焊接实施方案，并记录分析过程。

操作要领	实际操作	是否有问题	原因分析

6.任务评价

（1）个人自评。

（2）小组内互评。

（3）小组间互评。

（4）教师评价。

评价反馈
子任务 3.2.2 评价表

子任务3.2.3　波峰焊机焊接缺陷分析

任务描述 //

　　波峰焊接的效率高于手工焊接和浸焊，也克服了浸焊的缺点。在实际大规模生产中，为了提高焊接质量，波峰焊接要经过多次调试后才能确定批量生产，目的是避免产生焊接质量问题。我们掌握波峰焊接质量的缺陷分析，知道缺陷产生的原因，就是为了克服和避免产生质量缺陷，保证焊接质量。根据所给的一些波峰焊接缺陷的特征，要能判断其缺陷并分析其产生的原因。

学习目标 //

　　知识目标

（1）了解波峰焊接缺陷的分类。

（2）掌握波峰焊接缺陷的原因。

　　能力目标

（1）能根据波峰焊接现象说出是什么缺陷。

（2）能正确分析波峰焊接缺陷产生的原因。

　　素养目标

（1）养成遵守规范的职业素养。

（2）提高分析问题、解决问题的能力。

重点与难点 //

　　重点：波峰焊接缺陷的种类。

　　难点：波峰焊接缺陷产生的原因分析。

知识准备 //

　　波峰焊接缺陷分析如下。

　　1.沾锡不良

　　沾锡不良是不可接受的缺点，表现为焊点上只有部分沾锡。局部沾锡不良不会露出铜箔面，只有薄薄的一层焊锡无法形成饱满的焊点。分析其原因及改善方法如下。

　　（1）电路板在涂敷阻焊剂时沾上了外界污染物，如油、脂和蜡等。此类污染物通常可用溶剂清洗。

　　（2）作为抗氧化剂使用的硅油会蒸发沾在基板上造成沾锡不良。硅油不易清理，因

153

此使用它时要非常小心。

（3）基板常因储存状况不良或基板制程上的问题发生氧化时，助焊剂无法完全去除时，也会造成沾锡不良。解决方法是过二次锡。

（4）沾助焊剂方式不正确，造成原因为发泡机气压不稳定或不足，致使泡沫高度不稳或不均匀而使部分基板没有沾到助焊剂。解决方法是提高助焊剂涂敷质量。

（5）吃锡时间不足或锡温不足也会造成沾锡不良。因为熔锡需要足够的温度及时间，通常焊锡温度应高于熔点温度 50~80 ℃，沾锡时间约 3 s。

2.冷焊或焊点不亮

焊点看似碎裂、不平，大部分原因是零件在焊锡正要冷却形成焊点时振动造成的，注意锡炉输送是否有异常振动。

3.焊点破裂

焊点破裂通常是由于焊锡、基板、导通孔及零件引脚之间的膨胀系数不一致造成的，应在基板材质、元件材料及设计上去改善。

4.焊点锡量太大

通常在评定一个焊点时，希望焊点又大又圆又胖，但事实上过大的焊点对导电性及抗拉强度未必有所帮助。原因有以下几点。

（1）锡炉输送角度不正确会造成焊点过大，倾斜角度由 1°~7° 依基板设计方式调整，一般倾斜角度约 3.5°，角度越大沾锡越薄，角度越小沾锡越厚。

（2）焊接温度和时间不够。提高锡槽温度，加长焊锡时间，使多余的锡再回流到锡槽来改善。

（3）预热温度不够。提高预热温度，可减少基板沾锡所需热量，提高助焊效果。

（4）助焊剂比重不合适。略微降低助焊剂比重。通常比重越高吃锡越厚，容易造成短路，比重越低吃锡越薄，但容易造成锡桥、锡尖。

5.拉尖

拉尖指在元器件引脚顶端或焊点上发现有冰尖般的锡，产生原因及解决方法如下。

（1）基板的可焊性差。此问题通常伴随着沾锡不良，可试着提升助焊剂比重来改善。

（2）基板上焊盘面积过大。可用阻焊漆线将焊盘分隔来改善，原则上用阻焊漆线在大焊盘分隔成 5 mm × 10 mm 区块。

（3）锡槽温度不足，沾锡时间太短。可用提高锡槽温度，加长焊锡时间，使多余的锡再回流到锡槽来改善。

（4）出波峰后，冷却风吹风角度不对。不可朝锡槽方向吹，不然会造成锡点急速冷却，多余焊锡无法受重力与内聚力作用拉回锡槽。

6.白色残留物

在焊接或溶剂清洗过后发现有白色残留物在基板上，白色残留物通常是松香的残留物，这类物质不会影响品质，但客户不接受。

（1）助焊剂通常是造成此问题的主要原因，有时改用另一种助焊剂即可改善。松香类助焊剂常在清洗时产生白斑，此时最好的方式是寻求助焊剂供货商的协助，他们解决助焊剂生产问题更专业。

（2）基板制作过程中残留杂质，在长期储存下亦会产生白斑，可用助焊剂或溶剂清洗即可。

（3）使用的助焊剂与基板氧化保护层不兼容。通常在更换新的基板供货商或助焊剂厂牌时发生，应请供货商协助。

（4）清洗基板的溶剂水分含量过高，降低了清洗能力并产生白斑，应更新清洗溶剂。

（5）助焊剂使用过久变得老化，暴露在空气中吸收水气变的劣化。建议更新助焊剂（通常发泡式助焊剂应每周更新，浸泡式助焊剂每两周更新，喷雾式助焊剂每月更新即可）。

（6）使用松香型助焊剂，焊锡炉使用后停放时间太久才清洗，引起白斑。尽量缩短焊锡炉清洗的时间即可改善。

7.深色残余物及浸蚀痕迹

通常黑色残余物均发生在焊点的底部或顶端，此问题通常是不正确地使用助焊剂或清洗造成的。

（1）松香型助焊剂焊接后未立即清洗，留下黑褐色残留物，尽量及时清洗即可。

（2）有机类助焊剂在较高温度下烧焦而产生黑斑，确定锡槽温度，改用耐高温的助焊剂即可。

8.绿色残留物

绿色残留物通常是由于腐蚀造成的，特别是电子产品。但是并非完全如此，因为很难分辨它到底是绿锈还是其他化学产品。但通常来说发现绿色物应该警惕，必须立刻查明原因，尤其是此种绿色残留物会越来越大，可通过清洗来改善。

（1）腐蚀的问题。腐蚀问题通常发生在裸铜面或含铜合金上，腐蚀物质内的含有铜离子所以呈绿色。当发现绿色残留物时，即可证明它是在使用非松香助焊剂后未正确清洗造成的。

（2）氧化铜与松香的化合物。此物质是绿色但绝不是腐蚀物而且具有高绝缘性，不影响品质，但客户不会同意，应清洗。

（3）基板残留物，在焊锡后会产生绿色残留物。应要求基板制作厂商在基板制作清洗后再做清洁度测试，以确保基板清洁度的品质。

9.针孔及气孔

针孔与气孔的区别，针孔是在焊点上的一小孔，气孔则是焊点上的较大孔并且可以看到内部；针孔内部通常是空的，气孔内部则是空气完全喷出造成的大孔，其形成原因是焊锡在气体尚未完全排除时即已凝固。

（1）有机污染物。基板与元件引脚都可能因气体而造成针孔或气孔，其污染源可能来自自动插件机或因储存状况不佳造成，此问题较为简单，只要用溶剂清洗即可。

（2）基板有湿气。使用较便宜的基板材质，或使用较粗糙的钻孔方式，则贯孔处容易吸收湿气。湿气在焊锡过程中受到高热蒸发出来而造成针孔或气孔。解决方法是将基板放在120 ℃烤箱中烤2小时。

（3）电镀溶液中的光亮剂。电镀时使用大量光亮剂，光亮剂常与合金同时沉积，遇到高温则挥发造成针孔或气孔，特别是镀金时。改用含光亮剂较少的电镀溶液，当然这类问题要反馈给供货商。

10.焊点灰暗

此现象分为两种。一是焊锡结束一段时间后焊点颜色转暗，二是制造出来的成品中焊点即是灰暗的。这主要与助焊剂成分有关，是因为酸没有完全气化造成"原电池短路效应"。通常良好的助焊剂焊接后焊点应该是明亮的且不会有明显变化。

（1）焊锡内杂质。必须每三个月定期检验焊锡内的金属成分。

（2）助焊剂在高热的表面上亦会产生某种程度的灰暗色，如 RA 及有机酸类助焊剂留在焊点上过久会造成轻微的腐蚀而使其呈灰暗色。在焊接后立刻清洗助焊剂应可改善。某些无机酸类的助焊剂会生成氧化锌，可用 1% 浓度的盐酸清洗后再水洗。

（3）在焊锡合金中，锡含量较低者焊点亦较灰暗。

11.焊点表面粗糙

焊点表面呈砂状凸出表面，而焊点整体形状不改变。造成此类问题的原因如下。

（1）金属杂质的结晶。必须每三个月定期检验焊锡内的金属成分。

（2）锡渣。锡渣被泵打入锡槽内经喷嘴涌出，因锡液内含有锡渣而使焊点表面有砂状凸出，因为锡槽内锡液液面过低。锡槽内应追加焊锡并应清理锡槽及泵即可改善。

（3）外来物质。如毛边，绝缘材料等藏在元器件引脚处，亦会产生粗糙表面。

12.黄色焊点

黄色焊点是因为焊锡温度过高造成的，应查看锡温及温控器是否故障。

13.桥接短路

难点讲解
波峰焊接缺陷分析

造成桥接短路的主要原因有以下几点。

（1）基板吃锡时间不够，预热不足。调整锡炉即可。

（2）助焊剂不良。助焊剂比重不当，劣化等。

（3）基板前进方向与锡波配合不良。更改吃锡方向即可。

（4）线路设计不良，线路或焊点间距太窄。如为排列式焊点或 IC，则应考虑使用锡焊垫，或使用文字白漆予以隔离，此时的白漆厚度需为 2 倍以上的锡焊垫厚度。

（5）被污染的焊锡或积聚过多的氧化物被泵带上基板造成短路。应清理锡炉或更新锡槽内的全部焊锡。

素养养成

（1）在进行波峰焊机操作规程的学习中，从避免出现质量问题出发，谨记按规程进行操作的要求，提高遵守操作规程的职业素养。

（2）通过波峰焊接质量缺陷分析，学会分析问题、解决问题的方法，提高分析问题和解决问题的能力。

 **任务实现**

1.任务分组

组号：_____ 姓名：_____ 学号：_____ 检索号：____3231-1____

班级		组号		指导教师	
组长		学号			
组员	序号	姓名		学号	
	1				
	2				
	3				
	4				
	5				
任务分工					

2.自主探学

组号：_____ 姓名：_____ 学号：_____ 检索号：____3232-1____

引导问题：

（1）波峰焊接缺陷都有哪些？
_____

（2）在元器件引脚顶端或焊点上发现有冰尖般的锡是什么缺陷？
_____

（3）绿色残留物通常是由于什么原因产生的？
_____

（4）焊点看似碎裂、不平是什么缺陷？
_____

（5）不该连接的两个焊盘之间的焊锡连在一起的现象是什么缺陷？
_____

任务工作单 2

组号：_____ 姓名：_____ 学号：_____ 检索号：__3232-2__

引导问题：

（1）造成冷焊的原因是什么？

_____

_____

（2）焊锡、基板、导通孔及零件引脚之间的膨胀系数不一致会造成什么缺陷？

_____

_____

（3）在焊接或溶剂清洗过后发现有白色残留物在基板上，通常是什么原因？

_____

_____

_____

（4）编制对波峰焊接各种缺陷判断分析的实施方案。

序号	操作要素	操作要领

3.合作研学

组号：_____ 姓名：_____ 学号：_____ 检索号：____3233-1____

引导问题：

（1）小组交流讨论，教师参与，形成正确的对波峰焊接各种缺陷判断分析的实施方案。

序号	操作要素	操作要领

（2）记录自己存在的不足。

_____

4.展示赏学

组号：_____ 姓名：_____ 学号：_____ 检索号：____3234-1____

引导问题：

（1）每小组推荐一位小组长，汇报对波峰焊接各种缺陷判断分析的实施方案，借鉴每组经验，进一步优化方案。

序号	操作要素	操作要领

（2）检讨自己的不足。

_____

5.任务实施

任务工作单

组号：＿＿＿＿＿＿　姓名：＿＿＿＿＿＿　学号：＿＿＿＿＿＿　检索号：＿＿＿3235-1＿＿＿

案例详解
波峰焊接缺陷判断分析

引导问题：

（1）按照对波峰焊各种缺陷判断分析的实施方案，对给出的波峰焊接各种缺陷判断分析，并记录实施过程。

操作要素	操作要领	备注

（2）对比分析对波峰焊接各种缺陷判断分析的实施方案，并记录分析过程。

操作要领	实际操作	是否有问题	原因分析

6.任务评价

（1）个人自评。

（2）小组内互评。

（3）小组间互评。

（4）教师评价。

评价反馈
子任务 3.2.3 评价表

印制电路板制作工艺

任务4.1 印制电路板设计

子任务4.1.1 印制电路板认识

 任务描述 //

　　印制电路板是电子元器件进行电气连接的基板，对印制电路板有了一定的认识，才能够进行下一步对印制电路板的设计。设计中涉及集成电路，因此对集成电路要有一定的认识。根据所给的电路板，你能否说出电路板中所有组成部分的术语呢？你是否认识集成电路的引脚排列呢？

 学习目标 //

知识目标

（1）熟悉印制电路板的组成和分类。

（2）掌握集成电路的分类和命名方法。

（3）掌握集成电路管脚的识别方法。

能力目标

（1）能够识别印制电路板的类型。

（2）能够对印制电路板各种术语正确识读。

（3）能够进行半导体集成电路的识别。

素养目标

（1）养成良好的沟通习惯。

（2）牢记科技报国的责任使命。

⭐ 重点与难点 //

重点：集成电路管脚的识别。

难点：印制电路板的分类。

 知识准备 //

1.印制电路板概念

印制电路板由绝缘底板、连接导线和装配焊接电子元器件的焊盘组成，具有导电线路和绝缘底板的双重作用，简称印制板。

印制电路板是在覆铜板上完成印制线路图形工艺加工的成品板，它的作用是连接电路元件和器件。

印制板电路板的主要材料是覆铜板。覆铜板是把一定厚度（35~50 μm）的铜箔通过黏合剂热压在一定厚度的绝缘基板上构成的。覆铜板的厚度通常有 1.0 mm、1.5 mm 和 2.0 mm。

覆铜板的种类很多，按基材的品种可分为纸基板、玻璃布板和合成纤维板；按黏结剂树脂来分有酚醛、环氧酚醛、聚酯和聚四氟乙烯等。

2.印制电路板的特点

（1）实现电路中各个元器件的电气连接，代替复杂的布线，减少接线工作量和连线的差错，简化装配、焊接和调试的工作，降低产品成本，提高劳动生产率。

（2）布线密度高，缩小了整机体积，有利于电子产品的小型化。

（3）具有良好的产品一致性，可以采用标准化设计，有利于实现机械化和自动化生产，有利于提高电子产品的质量和可靠性。

（4）可以使整块经过装配调试的印制电路板作为一个备件，便于电子整机产品的互换与维修。

3.印制电路板的分类

印制电路板按其结构可分为如下 5 种。

（1）单面印制电路板。单面印制电路板通常用酚醛纸基单面覆铜板，通过印制和腐蚀的方法，在绝缘基板覆铜箔一面制成印制导线。它适用于对电性能要求不高的收音机、收录机、电视机、仪器和仪表等。

难点讲解
印制电路板种类

（2）双面印制电路板。双面印制电路板是在两面都有印制导线的印制电路板。它通常采用环氧树脂玻璃布铜箔板或环氧酚醛玻璃布铜箔板制成。由于其两面都有印制导线，一般采用过孔连接两面印制导线。其布线密度比单面板更高，使用更为方便。它适用于对电性能要求较高的通信设备、计算机、仪器和仪表等。

（3）多层印制电路板。多层印制电路板是在绝缘基板上制成三层及以上印制导线的印制电路板。它由几层较薄的单面或双面印制电路板（每层厚度在 0.4 mm 以下）叠合压制而成。安装元器件的孔需经金属化处理，使之与夹在绝缘基板中的印制导线导通。

广泛使用的多层印制电路板有四层、六层、八层，更多层的也有使用。

主要特点：与集成电路配合使用，有利于整机小型化及重量的减轻；接线短、直，布线密度高；由于增设了屏蔽层，可以减小电路的信号失真；引入了接地散热层，可以减少局部过热，提高整机的稳定性。

（4）软性印制电路板。软性印制电路板也称柔性印制电路板，是以软层状塑料或其他软质绝缘材料为基材制成的印制电路板。它可以分为单面、双面和多层3大类。

此类印制电路板除了重量轻、体积小、可靠性高以外，最突出的特点是具有挠性，能折叠、弯曲、卷绕。软性印制电路板在电子计算机、自动化仪表和通信设备中应用广泛。

（5）平面印制电路板。将印制电路板的印制导线嵌入绝缘基板，使导线与基板表面平齐，就构成了平面印制电路板。在平面印制电路板的导线上都电镀了一层耐磨的金属，通常用于转换开关和电子计算机的键盘等。

4.印制电路板的组成及常用术语

一块完整的PCB是由焊盘、过孔、安装孔、定位孔、印制线、元件面、焊接面、阻焊层和丝印层等组成的。

（1）焊盘。对覆铜箔进行处理而得到的元器件连接点。

（2）过孔。在双面PCB上将上、下两层印制线连接起来且内部充满或涂有金属的小孔。

（3）安装孔。用于固定大型元器件和PCB板的小孔。

（4）定位孔。用于PCB加工和检测定位的小孔，可用安装孔代替。

（5）印制线。将覆铜板上的铜箔按要求经过蚀刻处理而留下的网状细小的线路，是提供元器件电气连接用的。

（6）元件面。PCB上用来安装元器件的一面，是单面PCB无印制线的一面，双面PCB印有元器件图形标记的一面，如图4-1（a）所示。

（7）焊接面。PCB上用来焊接元器件引脚的一面，一般不作标记，如图4-1（b）所示。

（a）　　　　　　　　　　　　　　　　（b）

图4-1　电路板元件面和焊接面

（a）元件面；（b）焊接面

（8）阻焊层。PCB 上的绿色或棕色层面，是绝缘的防护层，如图 4-2（a）所示。

（9）丝印层。PCB 上印出文字与符号（白色）的层面，采用丝印的方法，如图 4-2（b）所示。

（a）

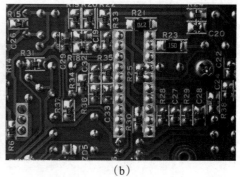
（b）

图4-2　阻焊层、丝印层

（a）阻焊层（绿色）；（b）丝印层（白色字符）

视频链接
半导体集成电路的
识别与检测

拓展知识
国产半导体集成电路的
命名方法

素养养成

（1）从印制电路板连通的电气特性领悟出与人沟通的重要性，小组成员之间要进行合作，提升交流沟通能力。

（2）从集成电路国之重器联想到华为芯片受人卡脖子的情形，懂得只有技术领先才能不受制于人，增强科技兴国的责任感和使命感。

 任务实现 //

1.任务分组

任务工作单

组号：_____ 姓名：_____ 学号：_____ 检索号：__4111-1__

班级			组号			指导教师	
组长			学号				
组员	序号		姓名			学号	
	1						
	2						
	3						
	4						
	5						
任务分工							

2.自主探学

任务工作单 1

组号：_____ 姓名：_____ 学号：_____ 检索号：__4112-1__

引导问题：

（1）印制电路板的主要材料是覆铜板，覆铜板是由什么构成的？

_____

（2）印制电路板的分类按其结构可分为哪 5 种？

_____

（3）一块完整的 PCB 是由哪些部分组成的？

_____

（4）集成电路管脚的识别方法是什么？

_____

（5）三端稳压器 7800 系列和 7900 系列的三个引脚有何不同？

_____

任务工作单 2

组号：_____ 姓名：_____ 学号：_____ 检索号：____4112-2____

引导问题：

（1）单面印制电路板与双面印制电路板有何不同？

_____

_____

（2）多层印制电路板的主要特点？

_____

_____

（3）如何确定集成电路的第一引脚？

_____

_____

_____

（4）编制印制电路板的组成及常用术语认识实施方案。

序号	操作要素	操作要领

3.合作研学

任务工作单

组号：_____ 姓名：_____ 学号：_____ 检索号：__4113-1__

引导问题：

（1）小组交流讨论，教师参与，形成正确的印制电路板组成及常用术语认识实施方案。

序号	操作要素	操作要领

（2）记录自己存在的不足。

_____

4.展示赏学

任务工作单

组号：_____ 姓名：_____ 学号：_____ 检索号：__4114-1__

引导问题：

（1）每小组推荐一位小组长，汇报印制电路板的组成及常用术语认识实施方案，借鉴每组经验，进一步优化方案。

序号	操作要素	操作要领

（2）检讨自己的不足。

_____

5.任务实施

组号：_____ 姓名：_____ 学号：_____ 检索号：_____4115-1_____

案例详解
印制电路板的
组成常用术语

引导问题：

（1）按照印制电路板的组成及常用术语认识实施方案，对印制电路板的组成及常用术语进行认识，并记录实施过程。

操作要素	操作要领	备注

（2）对比分析印制电路板的组成及常用术语认识正确答案，并记录分析过程。

操作要领	实际操作	是否有问题	原因分析

6.任务评价

（1）个人自评。

（2）小组内互评。

（3）小组间互评。

（4）教师评价。

评价反馈
子任务 4.1.1 评价表

子任务4.1.2　印制电路板手工设计

任务描述

（1）根据直流集成稳压电源电路原理图和元器件明细完成手工设计印制电路板。变压器不在印制电路板上。

（2）直流集成稳压电源电路原理图及元器件明细。

①直流集成稳压电源电路原理图如图 4-3 所示。

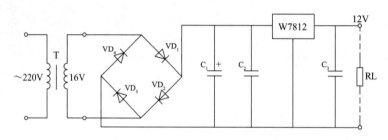

图4-3　直流集成稳压电源电路原理图

②直流稳压电源元器件明细：

C_1，电解电容，470 μF/25V；C_2，涤纶电容，0.33 μF/63V；C_3，涤纶电容，0.1 μF/63V；$VD_1 \sim VD_4$，二极管，1N4007；W7812，三端稳压器；变压器，~220V/16V，2.5W。

学习目标

知识目标

（1）掌握印制电路板的设计原则。

（2）掌握手工进行印制电路板设计的方法。

能力目标

（1）能够根据电路原理图进行印制电路板整体布局。

（2）能够手工进行印制电路板的设计。

素养目标

（1）养成"没有规矩不成方圆"的严谨科学态度。

（2）保持做事认真、一丝不苟的工作态度。

重点与难点

重点：设计印制导线的形状时应遵循的原则。

难点：印制电路板导线不交叉草图的绘制。

1.印制电路板设计步骤

（1）确定印制电路板的尺寸、形状和材料；确定印制电路板与外部的连接；确定元器件的安装方法。

（2）在印制电路板上布设导线和元件，确定印制导线的宽度、间距和焊盘的直径与孔径。

（3）把手工设计好的 PCB 电路图保存好，下一步进行印制电路板的制作。

2.印制电路板设计原则

（1）整体布局。

在进行印制电路板布局之前必须对电路原理图有深刻的理解，只有在彻底理解电路原理的基础上，才能进行正确、合理的布局。在进行布局时，要考虑到避免各级电路之间和元器件之间的相互干扰，这些干扰包括电场干扰—电容耦合干扰、磁场干扰—电感耦合干扰、高频和低频间干扰、高压和低压间干扰，还有热干扰等。在进行布局时，还要满足设计指标，符合生产加工和装配工艺的要求，要考虑到电路调试和维护维修的方便。对电路中所用元器件的电气特性和物理特征要充分了解，如元器件的额定功率、电压、电流和工作频率，元器件的体积、宽度和高度、外形等。印制电路板的整体布局还要考虑到整个板的重心平稳、元器件疏密恰当、排列美观大方。

印制电路板上的元器件一般分为规则排列和不规则排列。

①规则排列也叫整齐排列，即把元器件按一定规律或一定方向排列，这种排列由于受元器件位置和方向的限制，印制电路板导线的布线距离长且复杂，电路间的干扰也大，其电路工作一般只在低压、低频（1 MHz 以下）的情况下使用。规则排列的优点是整齐美观，且便于进行机械化打孔及装配。

②不规则排列也叫就近排列，由于其不受元件位置和方向的限制，按照电路的电气连接就近布局，布线距离短而简捷，电路间的干扰少，有利于减少分布参数，适合高频（30 MHz 以上）电路的布局。不规则排列的缺点是外观不整齐，也不便于进行机械化打孔及装配。

（2）元器件布局。

①对于单面印制电路板，元器件只能安装在没有印制电路的一面，元器件的引线通过安装孔焊接在印制导线的焊盘上。对于双面印制电路板，元器件也应尽可能安装在板的一面，以便于加工、安装和维护。

②在板面上的元器件应按照电路原理图的顺序尽量成直线排列，并力求电路安装紧凑和密集，以缩短引线，减少分布电容，这对于高频电路尤为重要。

③如果由于电路的特殊要求必须将整个电路分成几块进行安装，则应使每一块装配

好的印制电路板成为具有独立功能的电路，以便于单独进行调试和维护。

④为了合理地布置元器件、缩小体积和提高机械强度，可在主要的印制电路板之外再安装一块"辅助板"，将一些笨重的元器件（如变压器、扼流圈、大电容器和继电器等）安装在辅助板上，这样有利于加工和装配。

⑤布置元器件的位置时，应考虑它们之间的相互影响。元器件放置的方向应与相邻的印制导线交叉，电感元件要注意防止电磁干扰，线圈的轴线应垂直于板面，这样安装的元器件之间的电磁干扰最小。

⑥电路中有发热的元器件应放在有利于散热的位置，必要时可单独放置或加装散热片，以利于元件本身的降温和减少对邻近元器件的影响。

⑦对大而重的元器件尽可能安置在印制电路板上靠近固定端的位置，并降低其重心，以提高整板的机械强度和耐振、耐冲击能力，以及减小印制电路板的负荷与变形。

（3）印制导线的布设。

印制导线的布设应遵循以下原则。

①印制导线走向：尽可能取直，以短为佳，能走捷径，决不绕远。

②印制导线弯折：走线平滑自然为佳，避免急拐弯和尖角，连接处用圆角。

③印制导线作地线：公共地线应尽量增大铜箔面积，且布置在 PCB 边缘；大面积使用铜箔时最好将其镂空成栅格，导线宽度超 3 mm 时应在导线中间开槽。

④双面板印制线：两面导线避免相互平行，用于输入和输出的印制导线避免平行，两者之间最好加接地线。

（4）印制连接盘设计。

连接盘也叫焊盘，是指印制导线在焊接孔周围的金属部分，供外接引线焊接用。连接盘的尺寸取决于焊接孔的尺寸。焊接孔是指元器件引线或跨接线贯穿基板的孔。显然，焊接孔的直径应该稍大于焊接元器件的引线直径。一般焊接孔的规格不宜过多，可按表 4-1 来选用（该表中有 * 者为优先选用）。

表4-1　焊接孔的规格

焊接孔径/mm	0.4，0.5*，0.6		0.8*，1.0，1.2*，1.5*，2.0*	
允许误差/mm	Ⅰ级 ±0.05	Ⅱ级 ±0.1	Ⅰ级 ±0.1	Ⅱ级 ±0.15

连接盘的直径 D 应大于焊接孔内径 d，一般取 $D=(2\sim3)d$，如图 4-4 所示。为了保证焊接及结合强度，建议采用表 4-2 中给出的尺寸。

视频链接
印制电路板的设计规则

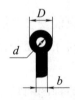

图4-4　焊盘尺寸示意

表4-2 连接盘直径与焊接孔关系

焊接孔径d/mm	0.4	0.5	0.8	1.0	1.2	1.5	2.0
焊盘最小直径D/mm	1.5	1.5	2.0	2.5	3.0	3.5	4.0

连接盘的形状有不同选择，圆形连接盘用得最多。但有时为了增加连接盘的黏附强度，也采用正方形、椭圆形和长圆形连接盘。连接盘的常用形状如图 4-5 所示。

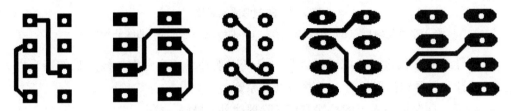

图4-5 连接盘的常用形状

若焊盘与焊盘间的连线合为一体，犹如水上小岛，这种焊盘称为岛形焊盘，如图 4-6 所示。焊盘与印制线合为一体后，铜箔面积加大，使焊盘和印制线的抗剥离强度大大增加。岛形焊盘多用在高频电路中，它可以减少接点和印制导线的电感，增大地线的屏蔽面积，减少接点间的寄生耦合。

图4-6 岛形焊盘

（5）印制导线设计。

设计印制导线与印制电路板图形，包括印制导线的宽度、印制导线的间距等设计尺寸的确定，以及图形的格式等问题。

①印制导线的宽度。一般情况下，印制导线应尽可能宽一些，这有利于承受电流且便于制造。表 4-3 所示为 0.05 mm 厚铜箔的导线宽度与允许电流和自身电阻大小的关系。

表4-3 0.05 mm厚铜箔的导线宽度与允许电流、自身电阻大小的关系

线宽/mm	0.5	1.0	1.5	2.0
I/A	0.8	1.0	1.3	1.9
R/($\Omega \cdot m^{-1}$)	0.7	0.41	0.31	0.25

在决定印制导线的宽度时，还应注意它在板上的剥离强度及其与连接盘的协调性，一般取线宽 b=（1/3~2/3）D。一般的导线宽度可在 0.3~2.0 mm 之间。

②印制导线的间距。在一般情况下，印制导线的间距等于导线宽度即可，但不能小于 1 mm。对微小型化设备，最小导线间距不小于 0.4 mm。

③印制导线的形状。印制导线的形状可分为平直均匀形、斜线均匀形、曲线均匀形和曲线非均匀形，如图4-7所示。

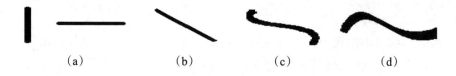

图4-7 印制导线的形状

（a）平直均匀形；（b）斜线均匀形；（c）曲线均匀形；（d）曲线非均匀形

印制导线的形状除要考虑机械因素、电气因素外，还要考虑导线形状的美观大方，所以在设计印制导线的形状时，应遵循以下原则。

a. 在同一印制电路板上的导线宽度（除地线外）最好一样。

b. 印制导线应走向平直，不应有急剧的弯曲，不能出现尖角，所有弯曲与过渡部分均须用圆弧连接。

c. 印制导线应尽可能避免有分支，如必须有分支，分支处应圆滑。

d. 印制导线尽量避免长距离平行，对双面布设的印制导线不能平行，应交叉布设。

e. 如果印制电路板面需要有大面积的铜箔，比如电路中的接地部分，则整个区域应镂空成栅状，如图4-8所示。

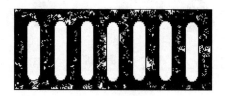

图4-8 栅状铜箔

3.印制电路板的具体设计过程及方法

1）选定印制电路板的材料、厚度和版面尺寸

印制电路板的材料选择必须考虑到电气和机械特性，当然还要考虑到价格和制造成本，从而选择印制电路板的基材。电气特性是指基材的绝缘电阻、抗电弧性、印制导线电阻、击穿强度、抗剪强度和硬度。印制电路板厚度的确定要从结构的角度来考虑，主要是考虑印制电路板对其上装有的所有元器件重量的承受能力和使用中承受的机械负荷能力。如果只在印制电路板上装配集成电路、小功率晶体管、电阻和电容等小功率元器件，在没有较强的负荷振动条件下，使用厚度为 1.5 mm（尺寸在 500 mm × 500 mm 之内）的印制电路板即可。如果板面较大或支撑强度不够，应选择 2~2.5 mm 厚的板。印制电路板的厚度已标准化，其尺寸有 1.0 mm、1.5 mm、2.0 mm、2.5 mm 几种，最常用的是 1.5 mm 和 2.0 mm。

印制电路板的外形应尽量简单，一般为长方形，应尽量避免采用异形板。印制电路板的尺寸应尽量靠近标准系列的尺寸，以便简化工艺，降低加工成本。

2）印制电路板坐标尺寸图的设计

在手工绘制 PCB 电路图时，可借助坐标纸上的方格正确地表达在印制电路板上元器件的坐标位置。在设计和绘制坐标尺寸图时，应根据电路图来考虑元器件布局和布线的要求，哪些元器件在板内，有哪些元器件要加固，要散热，要屏蔽；哪些元器件在板外，需要多少板外连线，引出端的位置如何等，必要时还应画出板外元器件接线图。

阻容元件、晶体管等应尽量使用标准跨距，以适应元器件引线的自动成型。各元器件安装孔的圆心必须设置于坐标格的交点上。

3）根据电路原理图绘制印制电路板的草图

首先要选定排版方向并确定主要元器件的位置。排版方向是指在印制电路板上电路从前级向后级电路总的走向，这是设计印制电路板和布线首先要解决的问题。一般在设计印制电路板时，总是希望有统一的电源线及地线，电源线及地线与晶体管最好保持一个最佳的位置，也就是说它们之间的引线应尽量短。

当排版的方向确定以后，接下来是确定单元电路及其主要元器件，如晶体管、集成电路等的布设。然后布设特殊元器件，最后确定对外连接的方式和位置。

在印制电路板中出现导线的交叉现象是不允许的，因此在排版中，首先要绘制单线不交叉图，这可通过重新排列元器件的位置与方向来实现。在较复杂的电路中，有时导线完全不交叉是很困难的，这时可采用"飞线"来解决。"飞线"是在印制电路板导线的交叉处切断一根，从板的元器件面用一根短接线连接。但"飞线"过多，会影响元件安装效率，不能算是成功之作，所以只有在迫不得已的情况下才使用。

难点讲解
印制电路板手工设计过程

拓展知识
地线、导线布设原则

素养养成

（1）从印制板电路图设计原则明白"没有规矩，不成方圆"的道理，坚持按规矩办事的原则，具有严谨的科学态度。

（2）在进行直流集成稳压电源印制电路板电路图设计时，按比例认真确定元器件焊盘，要有一丝不苟的工作精神。

任务实现 //

1.任务分组

任务工作单

组号：_____ 姓名：_____ 学号：_____ 检索号：4121-1

班级		组号		指导教师	
组长		学号			
组员	序号	姓名		学号	
	1				
	2				
	3				
	4				
	5				
任务分工					

2.自主探学

任务工作单1

组号：_____ 姓名：_____ 学号：_____ 检索号：4122-1

引导问题：

（1）印制电路板手工设计的步骤有哪些？

（2）印制电路板上的元器件一般分为哪两种排列方式？

（3）对大而重的元器件应尽可能安置在印制电路板上的什么位置？

（4）印制导线的布设应遵循什么原则？

（5）焊盘的直径 D 与焊接孔内径 d 有何关系？印制导线宽度 b 与焊盘的直径 D 有何关系？

任务工作单 2

| 组号： | 姓名： | 学号： | 检索号： | 4122-2 |

引导问题：

（1）焊盘的形状一般有哪几种？最常用的是哪种形状？

_____

_____

（2）如何选定印制电路板的材料、厚度和版面尺寸？

_____

_____

（3）印制电路板设计首先要绘制什么草图？导线完全不交叉很困难时可采用什么线来解决？

_____

_____

_____

（4）编制印制电路板手工设计方案。

序号	操作要素	操作要领

3.合作研学

组号：＿＿＿＿＿　　姓名：＿＿＿＿＿　　学号：＿＿＿＿＿　　检索号：＿＿4123-1

引导问题：

（1）小组交流讨论，教师参与，形成正确的印制电路板手工设计方案。

序号	操作要素	操作要领

（2）记录自己存在的不足。

＿＿＿＿＿＿＿＿＿＿＿＿＿＿＿＿＿＿＿＿＿＿＿＿＿＿＿＿＿＿＿＿＿＿＿＿

4.展示赏学

组号：＿＿＿＿＿　　姓名：＿＿＿＿＿　　学号：＿＿＿＿＿　　检索号：＿＿4124-1

引导问题：

（1）每小组推荐一位小组长，汇报印制电路板手工设计方案，借鉴每组经验，进一步优化方案。

序号	操作要素	操作要领

（2）检讨自己的不足。

＿＿＿＿＿＿＿＿＿＿＿＿＿＿＿＿＿＿＿＿＿＿＿＿＿＿＿＿＿＿＿＿＿＿＿＿

5.任务实施

任务工作单

组号:_____ 姓名:_____ 学号:_____ 检索号:___4125-1___

案例详解
直流稳压电源印制电路板
手工设计

引导问题:

(1)按照收音机装配焊接印制电路板手工设计方案,对直流集成稳压电源进行印制电路板手工设计实施,并记录实施过程。

操作要素	操作要领	备注

(2)对比分析直流集成稳压电源印制电路板手工设计过程,并记录分析过程。

操作要领	实际操作	是否有问题	原因分析

6.任务评价

(1)个人自评。
(2)小组内互评。
(3)小组间互评。
(4)教师评价。

评价反馈
子任务 4.1.2 评价表

任务4.2　印制电路板制作

● **子任务4.2.1　印制电路板制作工艺认识**

任务描述

印制电路板是怎样制作出来的？都经过了哪些过程？手工制作印制电路板工艺流程是什么样的？工厂生产印制电路板的工艺流程又是什么样的？漆图法手工制作印制电路板的步骤是怎样的？通过本任务的学习，我们将对以上问题有详细的了解。

学习目标

知识目标
（1）掌握手工制作印制电路板的工艺流程。
（2）掌握工厂生产印制电路板的工艺流程。

能力目标
（1）能够用漆图法手工进行印制电路板的制作。
（2）能够说出工厂生产印制电路板的工艺流程。

素养目标
（1）树立安全环保的意识。
（2）提高学生遵守规程的职业素养。

重点与难点

重点：漆图法手工制作印制电路板的工艺。
难点：工厂生产双面板的制作工艺。

1.手工制作印制电路板工艺

根据所采用的图形转移方法的不同，手工制板的方法可分为漆图法、贴图法、刀刻法、感光法及热转印法等。由于感光法及热转印法制板质量高、无毛刺，因此这两种方法被广泛采用。

1）**漆图法制作** PCB

漆图法制作 PCB 的主要步骤如下。

（1）下料。按版图的实际设计尺寸裁剪覆铜板，用锉刀锉去四周毛刺，用细砂纸或去污粉去掉氧化物，用清水洗净后晾干或擦干。

（2）拓图。用复写纸将已设计好的印制电路板布线草图拓在覆铜板的铜箔面上。印制导线用单线表示，焊盘用小圆点表示。拓制双面板时，为保证两面定位准确，板与草图均应有 3 个以上孔距尽量大的定位孔。

（3）钻孔。拓图后，对照板与草图检查焊盘与导线是否有遗漏，然后在板上打出样冲眼，按样冲眼定位打出焊盘孔。一般采用直径为 1 mm 的钻头较适中，对元器件引线较粗的插件孔，需用直径为 1.2 mm 以上的钻头。

（4）调漆。在描图之前应先把所用的漆调配好。通常可以用稀料调漆，也可以用酒精溶泡虫胶漆片，并配入一些甲基紫（使颜色清晰），也可用油性笔或指甲油。要注意稀稠适宜，以免描不上或流淌，画焊盘的漆应比画线用的稍稠一些。

（5）描漆图。按照拓好的图形，用漆或油性笔描好焊盘及导线。应先描焊盘，要用比焊盘外径稍细的硬导线或木棍蘸漆点画，注意与钻好的孔同心，大小尽量均匀。然后用鸭嘴笔与直尺描绘导线，直尺两端应垫起，双面板应把两面的图形同时描好。

（6）腐蚀。腐蚀前应检查图形质量，修整线条焊盘。腐蚀液一般用三氯化铁溶液，浓度在 28%~42%，可以用三氯化铁粉剂自行配制。把板全部浸入溶液后，没有被漆膜覆盖的铜箔就被腐蚀掉了。在冬天可以对溶液适当加温以加快腐蚀，但为防止将漆膜泡掉，温度不宜过高（不超过 40 ℃）；也可以用软毛排笔轻轻刷扫，但不要用力过猛，以免把漆膜刮掉。待铜箔完全腐蚀后，取出印制电路板并用水清洗。

（7）去漆膜。用热水浸泡印制电路板并，可以把漆膜剥掉，未擦净处可用稀料（酒精或丙酮）擦除。

（8）清洗。漆膜去净后，用布蘸去污粉在板面上反复擦拭，去掉铜箔的氧化膜，使线条及焊盘露出铜的光亮本色。注意在擦拭时应按某一固定方向进行，这样可以使铜箔反光方向一致，看起来更加美观。擦拭后用水冲洗、晾干。一些不整齐的地方、毛刺和粘连等还需要用锋利的刻刀再进行修整。

（9）涂助焊剂。把已配好的松香酒精溶液快速涂在洗净晾干的印制电路板上。

2）**贴图法制作** PCB

在漆图法自制印制电路板的过程中，图形靠描漆或其他抗蚀涂料描绘而成，虽然简单易行，但描绘质量难以保证，往往是焊盘大小不均匀，印制导线粗细不匀。如果有条件，采用贴图法是比较省时省力的，而且质量较好，但制作费用比较高。

贴图用的材料是一种有各种宽度的导线和有各种直径、形状的焊盘，在它们的一面涂有不干胶，可以直接粘贴在打磨后的覆铜板上。这种抗蚀能力强的薄膜厚度只有几微米，图形种类有几十种，如焊盘、接插头、集成电路引线及各种符号等，如图 4-9 所示。

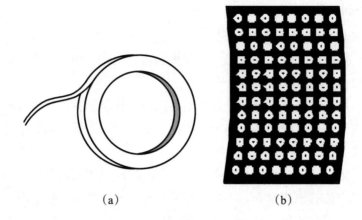

（a）　　　　　　　　　　　　　（b）

图4-9　贴图法各种形状

（a）贴图用导线；（b）贴图用焊盘

这些图形贴在一块透明的塑料软片上，使用时，可用刀尖把图形从软片上挑下来，转贴到覆铜板上。焊盘及图形贴好后，再用各种型号的抗蚀胶带连接各焊盘，构成印制导线图样。整个图形贴好后可以立即进行腐蚀。如果贴图图形的胶比较新鲜，黏性强，用这种方法制作的印制电路板效果可以很好，接近照相制版的质量。

在使用这种方法时，应先贴焊盘，后贴导线，贴完后应用圆头的钢笔将它们压紧，同时注意在三氯化铁溶液里的时间不能太长，最好不要超过 20 min（溶液的浓度、温度要合适，腐蚀时要不断晃动，这样腐蚀的时间就比较短）。

3）刀刻法制作 PCB

对于一些电路比较简单，线条较少的印制电路板，可以用刀刻法来制作。在进行图形设计时，要求形状尽量简单，一般把焊盘与导线合为一体，形成多块矩形图形。

刻刀可以用废的钢锯条自行磨制，要求既硬且韧。制作时，按照拓好的图形，用刻刀沿钢尺刻划铜箔，把铜箔划透。然后，把不需保留的铜箔的边角用刀尖挑起来，再用钳子夹住把铜箔撕下来，不用蚀刻即可直接制成 PCB。

4）感光法制作 PCB

（1）把制作好的电路图形打印到胶片上，若打印双面板，设置顶层打印时需要镜像。

（2）把胶片覆盖在具有感光膜的覆铜板上，放进曝光箱里进行曝光，时间一般为 1 min。

（3）曝光完毕，拿出覆铜板放进显影液里显影，0.5 min 后感光层被腐蚀掉，并有墨绿色雾状物漂浮。显影完毕，非线路部分呈现黄铜箔。

（4）把覆铜板放进清水里，清洗干净后擦干。

（5）再把覆铜板放进三氯化铁溶液里，将非线路部分的铜箔腐蚀掉，然后进行打孔或沉铜。

5）热转印法制作 PCB

（1）用激光打印机将制好的印制电路板图打印在热转印纸上。

（2）将打印好的热转印纸覆盖在擦干净的覆铜板上，送入照片过塑机（温度调到 180~200 ℃）来回压几次，使熔化的墨粉完全吸附在覆铜板上。

（3）覆铜板冷却后揭去热转印纸，进行腐蚀后，即可形成做工精细的 PCB。

视频链接
热转印法手工制作电路板

2.工厂印制电路板的生产工艺

工厂生产印制电路板一般要经过几十道工序。双面板的制造工艺流程如图 4-10 所示。

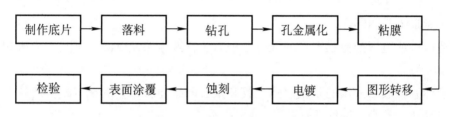

图4-10 双面板的制造工艺流程

在生产过程中，每一道工艺技术都有具体的工序及操作方法，除制作底片外，孔金属化及图形电镀蚀刻是生产的关键。

1）印制电路底图胶片制版

（1）绘制照相底图。

制作一块标准的印制电路板，一般需要绘制三种不同的照相底图：制作导电图形的底图；制作印制电路板表面阻焊层的底图；制作标志印制电路板上所安装元器件的位置及名称等文字符号的底图。

①绘制照相底图的要求。

a. 底图尺寸一般应与布线草图相同。对于高精度和高密度的印制电路板底图，可适当扩大比例，以保证精度要求。

b. 焊盘大小、焊盘位置、焊盘间距、插头尺寸、印制导线宽度和元器件安装尺寸等均应按草图所标尺寸绘制。

c. 版面清洁，焊盘和导线应光滑、无毛刺。

d. 焊盘之间、导线之间、焊盘与导线之间的最小距离不应小于草图中注明的安全距离。

e. 注明印制电路板的技术要求。

②绘制照相底图的步骤。

a. 确定图纸比例，画出照相底图边框线。

b. 按比例确定焊盘中心孔，确保孔位及孔心距尺寸。

c. 绘制焊盘，注意内外径尺寸应按比例画。

d. 绘制印制导线。

e. 绘制或剪贴文字符号。

难点讲解
印制电路板的生产工艺流程

（2）照相制版。

用绘制好的底图照相制版，版面尺寸应通过调整相机焦距准确达到印制电路板的尺寸，相版要求反差大、无砂眼。

照相制版过程为软片剪裁→曝光→显影→定影→水洗→干燥→修版。

双面板的相版应保持正反面照相的两次焦距一致。

2）印制电路板的印制及蚀刻工艺

（1）制造掩膜图形。

制造抗蚀或电镀的掩膜图形一般有三种方法：液体感光胶法、感光干膜法和丝网漏印法。

①液体感光胶法采用的是蛋白感光胶和聚乙醇感光胶，它的缺点是生产效率低、难以实现自动化，本身耐蚀性差。

②感光干膜法在提高生产效率、简化工艺、提高制板质量等方面优于其他方法。

在图形电镀制造电路板工艺中，大多数厂家采用的是感光干膜法和丝网漏印法。

感光干膜法中的干膜由干膜抗蚀剂、聚酯膜和聚乙烯膜组成。干膜抗蚀剂是一种耐酸的光聚合体；聚酯膜为基底膜，厚度为 30 μm 左右，起支托干膜抗蚀剂及照相底的片作用；聚乙烯膜厚度为 30~40 μm，是在聚酯膜涂上干膜蚀剂后覆盖的一层保护层。贴膜制板的工艺流程为贴膜前处理→吹干或烘干→贴膜→对孔→定位→曝光→显影→晾干→修版。

③丝网漏印法简称丝印法。丝网漏印法是先将所需要的印制电路图形制在丝网上，然后用油墨通过丝网板将线路图形漏印在铜箔板上，形成耐腐蚀的保护层，再经过腐蚀去除保护层，最后制成印制电路板。由于丝网漏印法具有操作简单、生产效率高、质量稳定及成本低廉等优点，所以被广泛用于印制电路板的制造。当前用丝网漏印法生产的印制电路板，占整个印制电路板产量的大部分。丝网漏印法的缺点是所制的印制电路板的精度比光化学法（液体感光胶法、感光干膜法）印制的差；对品种多、数量少的产品，其生产效率比较低，并且要求丝印工人有熟练的操作技术。

（2）蚀刻。

蚀刻也叫腐蚀，是指利用化学或电化学方法，将涂有抗蚀剂并经感光显影后的印制电路板上未感光部分的铜箔腐蚀除去，在印制电路板上留下精确的线路图形。

制作印制电路板有多种蚀刻工艺可以采用，这些方法可以除去未保护部分的铜箔，但不影响感光显影后的抗蚀剂及其保护下的铜导体，也不腐蚀绝缘基板及黏结材料。工业上最常用的蚀刻剂有三氧化铁、过硫酸铵、铬酸及碱性氯化铜。其中三氧化铁的价格低廉且毒性较低；碱性氯化铜的腐蚀速度快，能蚀刻高精度、高密度的印制电路板，并且铜离子又能再生回收，是一种经常采用的方法。

知识链接
印制电路板的质量检验

视频链接
印制电路板的质检

拓展知识
多层印制电路板的生产工艺

素养养成

（1）在进行漆图法制作 PCB 时，配制蚀刻环节的腐蚀液时要注意安全，佩戴好劳保护具。腐蚀液不能随意排放，提高安全环保意识。

（2）在进行印制电路板的生产工艺学习时，通过企业生产印制电路板的视频，感受企业现场的工作环境，提高遵守企业规程的职业素养。

 任务实现

1.任务分组

任务工作单

组号：_____ 姓名：_____ 学号：_____ 检索号：___4211-1___

班级		组号		指导教师	
组长		学号			
组员	序号	姓名		学号	
	1				
	2				
	3				
	4				
	5				
任务分工					

2.自主探学

任务工作单 1

组号：_____ 姓名：_____ 学号：_____ 检索号：___4212-1___

引导问题：

（1）手工自制印制电路板常用的方法有哪几种？

_____

（2）简述漆图法制作印制电路板的基本步骤。

_____

（3）贴图法制作 PCB 所用的材料有哪些？

_____

（4）简述热转印法制作 PCB 的步骤。

_____

（5）企业生产 PCB 的制作流程是怎样的？

_____

任务工作单 2

组号：_____ 姓名：_____ 学号：_____ 检索号：___ 4212-2

引导问题：

（1）工厂制造掩膜图形一般有哪三种方法？

_____

_____

（2）简述绘制照相底图的步骤。

_____

_____

（3）制作一块标准的印制电路板，一般需要绘制哪三种不同的照相底图？

_____

_____

_____

（4）编制漆图法手工制作印制电路板的实施方案。

序号	操作要素	操作要领

3.合作研学

任务工作单

组号：_____ 姓名：_____ 学号：_____ 检索号：　4213-1

引导问题：

（1）小组交流讨论，教师参与，形成正确的漆图法手工制作印制电路板的实施方案。

序号	操作要素	操作要领

（2）记录自己存在的不足。

_____

4.展示赏学

任务工作单

组号：_____ 姓名：_____ 学号：_____ 检索号：　4214-1

引导问题：

（1）每小组推荐一位小组长，汇报漆图法手工制作印制电路板的实施方案，借鉴每组经验，进一步优化方案。

序号	操作要素	操作要领

（2）检讨自己的不足。

_____

5.任务实施

组号：_____ 姓名：_____ 学号：_____ 检索号：___4215-1___

引导问题：

（1）按照漆图法手工制作印制电路板的实施方案，对漆图法手工制作印制电路板的步骤进行叙述，并记录叙述过程。

案例详解
漆图法制作 PCB 的主要步骤

操作要素	操作要领	备注

（2）对比分析漆涂图手工制作印制电路板的步骤，并记录分析过程。

操作要领	实际操作	是否有问题	原因分析

6.任务评价

评价反馈
子任务 4.2.1 评价表

（1）个人自评。

（2）小组内互评。

（3）小组间互评。

（4）教师评价。

子任务4.2.2　印制电路板手工制作

任务描述

　　根据设计好的印制电路板图，制作直流集成稳压电源印制电路板。首先，对元器件进行检测、整形；其次，进行元器件的正确插装；再次，用手工焊接工具进行焊接；最后，装接后进行检查。通过直流集成稳压电源电路板的手工制作任务的学习，掌握印制电路板的制作工艺理论知识和技能知识，能进行印制电路板的手工制作。

学习目标

知识目标

（1）掌握手工制作印制电路板的工艺方法。

（2）掌握漆图法手工制作电路板的步骤。

能力目标

（1）能够手工完成印制电路板的制作。

（2）进一步熟练通孔插装元器件的装接。

素养目标

（1）具备一丝不苟、精益求精的工匠精神。

（2）提高分析问题、解决问题的能力。

重点与难点

　　重点：漆图法制作印制电路板的工艺流程。

　　难点：漆图法制作印制电路板的描图。

知识准备

1.印制电路板手工制作

1）覆铜板的下料与处理

（1）用裁板机根据 PCB 设计的电路板尺寸对覆铜板进行裁剪下料。

（2）用锉刀将裁好的覆铜板四周边缘的毛刺锉掉。

（3）用细砂纸或去污粉清除覆铜板表面的氧化物。

（4）覆铜板用清水冲洗干净后晾干或用布擦干。

2）图形转移

（1）用复写纸垫在覆铜板和 PCB 设计图之间，四周用透明胶带固定好。

（2）用较细的笔进行图形复印，待检查无遗漏后取出 PCB。

（3）用调好的清漆或油性笔把需要保留的导线焊盘涂好，晾干。

3）配制三氯化铁溶液

戴好乳胶手套，在腐蚀容器中按 1 : 2 的比例配制三氯化铁溶液，溶液温度不超过 40 ℃。

4）PCB 的腐蚀

（1）将涂好漆的 PCB 轻轻放入三氯化铁溶液中，注意要使板面全部浸入溶液中。

（2）不断地搅拌并加热溶液，使溶液温度保持在 40 ℃左右，可增强腐蚀效果。注意不要划伤铜箔面。

（3）大约 15 min 后，注意观察腐蚀情况，不能过度腐蚀，待铜箔完全腐蚀后及时用夹具取出。

（4）用清水反复清洗腐蚀好的电路板，晾干或用布擦干。

5）钻孔

（1）将 1.0 mm 的钻头装在台钻上。

（2）对准电路板上的焊盘中心进行钻孔。

6）涂助焊剂

难点讲解
漆图法手工制作印制
电路板

（1）钻完孔后铜箔表面不平处用细砂纸打磨平整，去除铜箔上的漆，清洗干净后擦干。

（2）配制酒精松香助焊剂，对焊盘涂助焊剂进行保护。

2.印制电路板插装焊接

（1）准备印制电路板元器件和印制电路板及印制电路板装配图。

（2）对元器件进行识别与检测。

（3）按照规范进行元器件引线成型。

（4）截取 4 根长度为 5 cm、直径为 0.5 mm 的软导线，进行导线的加工处理。

（5）对照印制电路板装配图进行元器件的插装。

（6）用内热式电烙铁进行手工焊接。

（7）对引脚进行剪切，留取 1 mm 长度。

3.装接后的检查测试

（1）装接完后，进行自检。核对元器件焊接是否有误，焊点是否有虚焊现象。

（2）进行互查，同组同学互相检查有无错误。

（3）学生把自己的作品在展台上展示，并接通万用表进行检验，如果电源电压稳定在 12 V 左右，则测试通过，如图 4-11 所示。

拓展知识
表面组装印制电路板的设计

图4-11　装接后的检查测试

素养养成

（1）在进行手工印制电路板制作过程中，进行图形转移和描图时，印制导线和焊盘的边缘一定要规整，通过修边，明白描图是什么样，腐蚀出的板子就是什么样，要仔细修整，具有一丝不苟、精益求精的工匠精神。

（2）通过进行直流集成稳压电源的装配焊接和自我测试检验，对出现的问题能够独立进行分析，找到问题所在，提高分析问题和解决问题的能力。

 任务实现

1.任务分组

组号：_____ 姓名：_____ 学号：_____ 检索号：____4221-1____

班级		组号		指导教师	
组长		学号			
组员	序号	姓名		学号	
	1				
	2				
	3				
	4				
	5				
任务分工					

2.自主探学

组号：_____ 姓名：_____ 学号：_____ 检索号：____4222-1____

引导问题：

（1）漆图法制作印制电路板的步骤是什么？

_____

（2）图形转移采用哪种方法？

_____

（3）三氯化铁腐蚀液如何配置？

_____

（4）钻孔时钻头采用多大直径的比较合适？

_____

（5）松香水助焊剂如何配置？

_____

任务工作单 2

组号：_____ 姓名：_____ 学号：_____ 检索号：____4222-2____

引导问题：

（1）覆铜板裁剪的尺寸是多少？

_____

_____

（2）描图时应注意什么？

_____

_____

（4）编制直流集成稳压电源印制电路板制作和装配实施方案。

_____

_____

_____

（4）编制漆图法手工制作印制电路板的实施方案。

序号	操作要素	操作要领

3.合作研学

组号：_____ 姓名：_____ 学号：_____ 检索号：__4223-1__

引导问题：

（1）小组交流讨论，教师参与，形成正确的直流集成稳压电源印制电路板制作和装配实施方案。

序号	操作要素	操作要领

（2）记录自己存在的不足。

_____

4.展示赏学

组号：_____ 姓名：_____ 学号：_____ 检索号：__4224-1__

引导问题：

（1）每小组推荐一位小组长，汇报直流稳压电源印制电路板制作和装配实施方案，借鉴每组经验，进一步优化方案。

序号	操作要素	操作要领

（2）检讨自己的不足。

_____

5.任务实施

任务工作单

组号：_____ 姓名：_____ 学号：_____ 检索号：___4225-1___

案例详解
直流稳压电源制作
实施步骤

引导问题：

（1）按照直流集成稳压电源印制电路板制作和装配实施方案，对直流集成稳压电源电路板进行制作和装配测试，并记录实施过程。

操作要素	操作要领	备注

（2）对比分析直流稳压电源印制电路板制作和装配实施方案，并记录分析过程。

操作要领	实际操作	是否有问题	原因分析

6.任务评价

（1）个人自评。

（2）小组内互评。

（3）小组间互评。

（4）教师评价。

评价反馈
子任务 4.2.2 评价表

表面贴装元器件
电子产品贴装工艺

任务5.1 表面贴装元器件电子产品手工装接

子任务5.1.1 表面贴装元器件及工艺材料认识

 任务描述

随着现代电子技术的发展，电子元器件也在往小型化发展。片状元器件的出现，促使安装工艺发生变革，出现了表面贴装技术。本任务旨在认识表面贴装元器件及工艺材料。本任务要求从要装接的贴片收音机的材料中，按照材料清单找出相应的片状元器件。

 学习目标

知识目标
（1）掌握表面贴装电子元器件的特点和识别方法。
（2）掌握表面贴装的工艺材料的特性。

能力目标
（1）能够用目视法对表面贴装电子元器件进行识别。
（2）能够用万用表对表面贴装电子元器件进行正确测量，并对其质量做出正确评价。

素养目标
（1）具有探索科学的创新精神。
（2）具有探索未知世界的求知精神。

 重点与难点

重点：片状三极管的识别与检测。
难点：表面贴装集成电路的封装。

 知识准备

1.表面贴装元器件
表面贴装元器件有如下两个显著特点。

（1）在SMT元器件的电极上，有些完全没有引出线，有些只有非常短小的引线，相邻电极之间的距离比传统的双列直插式的引线距离（2.54 mm）小很多，目前最小达0.3 mm。

（2）SMT元器件直接贴装在印制电路板的表面，将电极焊接在与元器件同一面的焊盘上。这样，印制电路板上的通孔只起到连通电路导线的作用，孔的直径仅由制板时金属化孔的工艺水平决定，通孔的周围没有焊盘，使印制电路板的布线密度大大提高。

表面贴装元器件同传统元器件一样，也可从功能上分为无源表面贴装元件SMC（surface mounted components）和有源表面贴装器件SMD（surface mounted devices）。

1）表面组装电阻器的认识

（1）SMC固定电阻器。

表面贴装电阻器按封装外形可分为矩形片式电阻器和圆柱形片式电阻器。

①矩形片式电阻器。矩形片式电阻器外观是一个矩形，如图5-1所示。其生产工艺类型可分为厚膜型和薄膜型。厚膜型电阻精度高、电阻温度系数小，稳定性好，其阻值范围从1 Ω到100 MΩ，适用于高精度和高频领域。薄膜型电阻是在基体上溅镀一层镍铬合金而制成的，薄膜电阻性能稳定，阻值精度高，高温下性能稳定，在电路中得到了广泛的应用。

3216、2012、1608系列片状SMC的标称数值用标在元件上的三位数字表示，前两位是有效数，第三位是倍率成数，其电阻精度为5%。例如，电阻器上印有123，表示12 kΩ；跨接电阻采用000表示。当片式电阻器的精度为1%时，则采用四位数字表示，前面三位数字为有效数字，第四位表示增加的零的个数。例如：100 Ω记为1000；1 MΩ记为1004。对于1005、0603系列片状电阻器，其表面不印刷它的标称数值（参数印在编带的带盘上）。

②圆柱形片式电阻器（简称MELF）。圆柱形片式电阻器的外形如图5-2所示。

图5-1 矩形片式电阻外形　　　　图5-2 圆柱形电阻器外形

圆柱形片式电阻器主要有碳膜ERD型、高性能金属膜ERO型及跨接用的0 Ω电阻三种类型。圆柱形片式电阻器的结构形状和制造方法与带引脚的电阻器基本相同，即在高铝陶瓷基柱表面溅射镍铬合金膜或者碳膜，在膜上刻槽调整电阻值，两端压上金属焊端并涂覆耐热漆形成保护层，最后印上色环标志。

与矩形片式电阻器相比，圆柱形片式电阻无方向性和正反面性，包装使用方便，装配密度高，固定到印制板上有较高的抗弯能力，常用于高档音响电器产品中。

圆柱形片式电阻器用三位、四位或五位色环表示其标称阻值的大小，每位色环所代表的意义与通孔插装色环电阻完全一样。例如，五位色环圆柱形片式电阻器的色环从左至右是棕色、绿色、黑色、棕色、棕色，其有效值为150，倍乘率为10，允许偏差为±1%，则该电阻的阻值器为 1.5 kΩ，允许偏差为 ±1%。

（2）SMC 电阻排（电阻网络）。

电阻排也称电阻网络或集成电阻。电阻网络可分为厚膜电阻网络和薄膜片式电阻网络两大类。电阻网络根据结构的不同可分为 SOP 型、芯片功率型、芯片载体型和芯片阵列型这 4 种类型。它是将多个参数和性能都一致的电阻按预定的配置要求连接后，置于一个组装体内的电阻网络。SMC 电阻网络的外形如图 5-3 所示。

视频链接
表面贴装元件

图5-3　SMC电阻网络的外形

（3）SMC 电位器。

SMC 电位器即表面贴装电位器，又称为片式电位器（chip potentiometer），是一种可连续调节阻值的电阻器（可变电阻器）。其形状有片状、圆柱状、扁平矩形等各种类型。片式电位器有敞开式、防尘式、微调式、全密封式这 4 不同的外形结构。

①敞开式。其外形如图 5-4 所示，从它的外形来看，这种电位器没有外壳保护，灰尘和潮气很容易进入其中，这样会对器件的性能有一定影响，但其价格较低。值得注意的是，对于敞开式的平状电位器而言，仅适合用焊锡膏再流焊接工艺，不适合用贴片波峰焊接工艺。

②防尘式。其外形如图 5-5 所示，这种外形结构在有外壳或护罩的保护下，灰尘和潮气不易进入其中，故性能优良，常用于投资类电子整机和高档消费类电子产品中。

③微调式。其外形如图 5-6 所示，这类电位器可对其阻值进行精细调节，故性能优良，但其价格较高，常用于投资类电子整机电子产品中。

图5-4　敞开式电位器外形　　　图5-5　防尘式电位器外形　　图5-6　微调式电位器外形

④全密封式。全密封式电位器的特点是性能可靠、调节方便、寿命长。其结构有圆柱结构和扁平结构两种，而圆柱形电位器的结构又分为顶调和侧调两种，如图5-7所示。

图5-7　圆柱形电位器结构

（a）圆柱形顶调电位器的结构；（b）圆柱形侧调电位器结构

2）表面贴装电容器的认识

表面贴装电容器简称片式电容器，如图5-8所示。如果按外形、结构和用途来分类，片式电容器可达数百种。在实际应用中，片式电容器中有80%是多层陶瓷电容器，其次是表面贴装铝电解电容器和钽电解电容器。

（1）SMC多层陶瓷电容器。

表面贴装陶瓷电容器大多数用陶瓷材料作为电容器的介质。多层陶瓷电容器简称MLC，通常为无引脚矩形结构，其外形如图5-9所示。

图5-8　表面贴装电容器　　　　**图5-9　多层陶瓷电容器外形**

多层陶瓷电容器的特点如下。

①介质材料为陶瓷，所以耐热性能良好，不容易老化。

②能耐酸碱及盐类的腐蚀，抗腐蚀性好。

③低频陶瓷电容器单位体积的容量大。

④陶瓷的绝缘性能好，可制成高压电容器。

⑤高频陶瓷材料的损耗角正切值与频率的关系很小，高频电路可选用高频陶瓷电容器。

⑥陶瓷的价格便宜，原材料丰富，适宜大批量生产。

⑦电容量较小，机械强度较低。

（2）SMC电解电容器。

①SMC铝电解电容器。SMC铝电解电容器的容量和额定工作电压的范围比较大，把这类电容器做成贴片形式比较困难，故其一般是异形的。由于SMC铝电解电容器价

格低廉，因此它经常被应用于各种消费类电子产品中。根据其外形和封装材料的不同，铝电解电容器可分为矩形（树脂封装）和圆柱形（金属封装）两类，如图 5-10 所示，通常以圆柱形为主。SMC 铝电解电容器的电容值及耐压值在其外壳上均有标注，外壳上的深色标记代表负极。

（a）   （b）

图 5-10　SMC 铝电解电容器实物

（a）圆柱形；（b）矩形

SMC 铝电解电容器的特点：它是由铝圆筒做负极，内部装有液体电解质，再插入一片弯曲的铝带做正极制成的。其特点是容量大，漏电大、稳定性差、有正负极性。它适用于电源滤波或低频电路中，使用时正、负极不能接反。

② SMC 钽电解电容器。SMC 钽电解电容器以金属钽作为电容器介质，可靠性很高，单位体积容量大，在容量超过 0.33 μF 时，大都采用钽电解电容器。固体钽电解电容器的性能优异，是所有电容器中体积小而又能达到较大电容量的产品。因此，钽电解电容器容易被制成适于表面贴装的小型和片式元件，如图 5-11 所示。SMC 钽电解电容器的外形都是片状矩形结构。

（3）SMC 片状云母电容器。

片状云母电容器的形状多为矩形，采用天然云母作为电容极间的介质，其耐压性能好。片状云母电容器由于受介质材料的影响，容量不能做得太大，一般在 10~10 000 pF 之间，而且造价相对其他电容器高。与多层陶瓷电容器相比，其体积略大，但耐热性好、损耗小、易制成小电容量、稳定性高、Q 值高、精度高的产品，适合高频电路使用。其外形如图 5-12 所示。

图5-11　贴装于PCB板上的钽电解电容器　　图5-12　SMC片状云母电容器外形

3）表面贴装电感器的认识

片式电感器亦称表面贴装电感器，它与其他片式元器件（SMC 及 SMD）一样，是适用于表面贴装技术（SMT）的新一代无引线或短引线微型电子元件。其引出端的焊接面在同一平面上。

从制造工艺来分，片式电感器主要有 4 种类型，即绕线式、叠层式、编织式和薄膜片式电感器。常用的是绕线式和叠层式电感器这两种类型。前者是传统绕线电感器小型化的产物，后者则是采用多层印刷技术和叠层生产工艺制作的，体积比绕线式电感器还要小，是电感元件领域重点研发的产品。

（1）绕线式 SMC 电感器。绕线式 SMC 电感器是将传统的卧式绕线电感器稍加改进后的产物，它的特点是电感量范围广、电感量精度高、损耗小、允许电流大、制作工艺继承性强、简单、成本低，但它的不足之处是在进一步小型化方面受到限制。

（2）叠层式 SMC 电感器。叠层式 SMC 电感器首先由铁氧体浆料和导电浆料相间形成多层的叠层结构，然后经烧结而成。其特点是具有闭路磁路结构、没有漏磁、耐热性好、可靠性高。与线绕型相比，它的尺寸小得多，适用于高密度表面组装，但电感量也小，Q 值较低。叠层式 SMC 电感器可广泛应用于高清晰数字电视、高频头、计算机板卡等领域。其外形如图 5-13 所示。

（3）薄膜片式 SMC 电感器。薄膜片式 SMC 电感器具有在微波频段保持高 Q 值、高精度、高稳定性和小体积的特性。其内电极集中于同一层面，磁场分布集中，能确保装贴后的器件参数变化不大，可在 100 MHz 以上呈现良好的频率特性。

（4）编织式 SMC 电感器。其特点是在 1MHz 下的单位体积电感量比其他片式电感器大，其体积小，容易安装在基片上，可用作功率处理的微型磁性元件。

图5-13 叠层型电感器外形

标识方法：小功率电感器的代码有 nH 及 μH 两种单位。用 nH 做单位时，用 N 或 R 表示小数点。例如，4N7 表示 4.7 nH，4R7 则表示 4.7 μH；10N 表示 10 nH，而 10 μH 则用 100 来表示。

4）表面贴装二极管的认识

SMD 二极管常见的封装外形有无引线圆柱形玻璃封装和片状塑料封装两种。其中，无引线圆柱形玻璃封装二极管通常有稳压二极管、开关二极管和通用二极管，片状塑料封装二极管一般为矩形片状，如图 5-14 所示。一般情况下有颜色的一端为负极。

（a）　　　　　　　　（b）

图5-14 SMD二极管外形

（a）元引线圆柱形玻璃封装二极管；（b）片状塑料封装二极管

5）表面贴装三极管的认识

一般封装尺寸小的大多是小功率晶体管，封装尺寸大的多为中功率晶体管。片状晶体管很少有大功率管。片状三极管有 3 个引脚的，也有 4~6 个引脚的，其中 3 个引脚的为小功率普通晶体管，4 个引脚的为双栅场效应管或高频晶体管，而 5~6 个引脚的为组合晶体管。

小外形塑封晶体管 SOT（small outline transistor）又称作微型片式晶体管，通常是一种三端或四端元器件，主要用于混合式集成电路中，被贴装在陶瓷基板上，可分为 SOT-23、SOT-89、SOT-143、SOT-252 这几种尺寸结构，如图 5-15 所示。

（a）　　　　　　　（b）　　　　　　　（c）　　　　　　　（d）

图5-15　小外形塑封晶体管封装形式

（a）SOT-23；（b）SOT-89；（c）SOT-143；（d）SOT-252

（1）SOT-23 是通用的表面贴装晶体管，它有 3 个翼形引脚。极性标识一般是将器件有字样的一面对着自己，有一个引脚的一端朝上，上端为集电极，下左端为基极，下右端为发射极。

（2）SOT-89 的 b、c、e 三个电极从管子的同侧引出，管子底部的金属散热片和集电极连在一起，同时晶体管芯片粘接在较大的铜片上，有利于散热。此晶体管适用于较高功率的场合。

（3）SOT-143 有 4 个翼形短引脚，对称分布在长边的两侧，引脚中宽度偏大一点的是集电极，这类封装常见的有双栅场效应管及高频晶体管。

（4）SOT-252 封装的功耗可达 2~50 W，两个连在一起的引脚或与散热片连接的引脚是集电极。

如今，SMD 分立器件封装类型和产品已经达到 3 000 种之多，每个厂商生产的产品中，其电极引出方式略有不同，在选用时必须先查阅相关手册资料。

6）**表面贴装集成电路的认识**

（1）电极形式。表面贴装器件 SMD 的 I/O 电极形式分为无引脚和有引脚两种形式。常用无引脚形式的表面贴装器件有 LCCC、PQFN 等，有引脚形式的器件中引脚形状有翼形、钩形（J 形）和 I 形三种，如图 5-16 所示。翼形引脚一般用于 SOT、SOP、QFP 封装，钩形（J 形）引脚一般用于 SOJ、PLCC 封装，I 形引脚一般用于 CSP、Flip Chip 封装。另外，还有用于 BGA 封装的球型引脚。

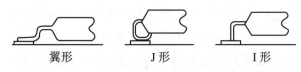

翼形　　　　J形　　　　I形

图5-16　引线结构

（2）封装材料。SMD集成电路的封装通常有金属封装、陶瓷封装、金属—陶瓷封装和塑料封装。

（3）SMD集成电路的封装形式。

①小外形集成电路（SO）。引线比较少的小规模集成电路大多采用SO封装。对于大多数SO封装而言，其引脚采用翼形电极，但也有一些存储器采用J形电极（称为SOJ），如图5-17所示。

②无引脚陶瓷芯片载体（LCCC）。LCCC是陶瓷芯片载体封装的SMD集成电路中没有引脚的一种封装，如图5-18所示。其芯片被封装在陶瓷载体上，无引线的电极焊端排列在封装底面上的四边。外形有正方形和矩形两种。LCCC能提供较短的信号通路，电感和电容的损耗都比较低，通常用于高频电路中。陶瓷芯片载体封装的芯片是全密封的，具有很好的环境保护作用，一般用于军品中。

（a）　　　　　　　　　　（b）

图5-17　SOP的翼形引脚和J形引脚封装

（a）SOP封装；（b）SOJ封装

图5-18　LCCC封装的集成电路

③塑封有引脚芯片载体（PLCC）。PLCC是集成电路的有引脚塑封芯片载体封装，其引脚采用钩形引脚，故称作钩形（J形）电极，电极引脚数目通常为16~84个，其外观与封装结构如图5-19所示。PLCC封装的集成电路大多用于可编程的存储器。其以优异的性价比在SMT市场上占有绝对优势，得到了广泛的应用。

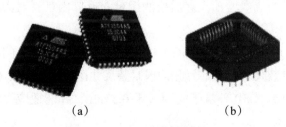

（a）　　　　　　　　　　（b）

图5-19　PLCC的封装结构

（a）实物外观；（b）插座

④方形扁平封装（QFP）。QFP 为四侧引脚扁平封装，其引脚从四个侧面引出，呈翼（L）型，如图 5-20 所示。封装材料有陶瓷、金属和塑料三种，其中塑料封装占绝大部分。QFP 这种封装的集成电路引脚较多，多用于高频电路、中频电路、音频电路、微处理器和电源电路等。

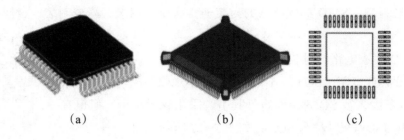

(a)　　　　　　　　　　(b)　　　　　　　　　　(c)

图 5-20　QFP 封装

（a）QFP 外形；（b）带脚垫 QFP；（c）QFP 引线排列

⑤球栅阵列封装（BGA）。BAG 封装是大规模集成电路的一种极富生命力的封装方法。BAG 封装是将原来器件 PLCC/QFP 封装的 J 形或翼形电极引脚变成球形引脚；把从器件本体四周"单线性"顺序引出的电极变成本体底面之下"全平面"式的格栅阵排列。这样，既可以疏散引脚间距，又能够增加引脚数目。焊球阵列在器件底面可以呈完全分布或部分分布。图 5-21 所示为 BGA 器件的外形。

图5-21　BGA器件的外形

球栅阵列封装具有体积小、I/O 多、电气性能优越（适合高频电路）、散热好等优点。其缺点是印制电路板的成本增加；焊后检测困难、返修困难；对潮湿很敏感，封装件和衬底容易开裂。

⑥芯片级封装（CSP）。CSP 是 BGA 进一步微型化的产物，问世于 20 世纪 90 年代中期，它的含义是封装尺寸与裸芯片相同或封装尺寸比裸芯片稍大（通常封装尺寸与裸芯片之比定义为 1.2∶1）。CSP 外端子间距大于 0.5 mm，并能适应再流焊组装。CSP 的封装结构如图 5-22 所示。

芯片组装器件的发展相当迅速，已有常规的引脚连接组装器件形成载带自动键合（TAB）、凸点载带自动键合（bumped tape automated bonding，BTAB）和微凸点连接（micro-bump bonding，MBB）等多种门类。芯片组装器件具有批量生产、通用性好、工作频率高、运算速度快等特点，在整机组装设计中若配以 CAD 方式，还可大大缩短开发周期。它已被广泛应用在大型液晶显示屏、液晶电视机、小型摄录一体机和计算机等产品中。图 5-23 中 CSP 封装的内存条为 CSP 技术封装的内存条。可以看出，采用 CSP 技术后，内存颗粒所占用的 PCB 面积大大减小。

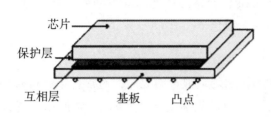

图 5-22　CSP 封装结构　　　　　图 5-23　CSP 封装的内存条

2.表面贴装工艺材料

1）锡铅焊料合金

（1）密度。锡和铅混合时，总体积几乎等于分体积之和，即不收缩、不膨胀。

（2）黏度与表面张力。锡铅焊料的黏度与表面张力是焊料的重要性能，通常优良的焊料应具有低的黏度和大的表面张力，这对增加焊料的流动性及其与被焊金属之间的润湿性是非常有利的。锡铅焊料的黏度和表面张力与合金的成分有密切关系，锡的占比越大黏度就越低，表面张力就越大。

（3）锡铅合金的电导率。不同配比的锡铅合金电导率不同，锡的占比越大电导率就越大。

（4）热膨胀系数（CTE）。在 0~100 ℃之间，纯锡的 CTE 是 23.5×10^{-6}，纯铅的 CTE 是 29×10^{-6}，63Sn37Pb 合金的 CTE 是 24.5×10^{-6}，从室温升温到 183 ℃，体积会增大 1.2%；而从 183 ℃降到室温，体积的收缩却为 4%，故锡铅焊料冷却后焊点有时有微微的缩小现象。在 25~100 ℃的温度范围内，Cu6Sn5 的 CTE 约为 20.0×10^{-6}，Cu3Sn 的 CTE 是 18.4×10^{-6}，可见，Cu3Sn 与 63Sn37Pb 的 CTE 之差为最大，这也是 Cu3Sn 易引起焊点缺陷的内因。

2）无铅焊料合金

无铅焊料是以锡为主体的焊料，在这类焊料中仍含有微量的铅。无铅焊料无统一的标准。欧盟 EUELVD 协会的标准是 Pb 质量含量 < 0.1%；美国 JEDEC 协会的标准是 Pb 质量含量 < 0.2%；国际标准组织（ISO）提案，电子装联用焊料合金中铅质量含量应低于 0.1%。

视频链接
表面贴装工艺材料

无论是 0.1% 还是 0.2%，均是很低的数值，所以国际公认的无铅焊料的定义如下：以 Sn 为基体，添加了其他金属元素，而 Pb 的含量在 0.1~0.2 wt%（wt% 是重量百分比）的主要用于电子组装的软钎料合金。

实际中应用最多的用于再流焊的无铅焊料是三元共晶或近共晶形式的 Sn-Ag-Cu 焊料。Sn-Ag-Cu 合金中，以 Sn 的重量百分比为 95.3~96.5 wt%，Ag 为 3~4 wt%、Cu 为 0.5~0.7 wt% 是可接受的范围，其熔点为 217℃左右。Sn-Ag-Cu 合金相当于在 Sn-Ag 合金里添加 Cu，能够在维持 Sn-Ag 合金良好性能的同时稍微降低熔点。因此，Sn-Ag-Cu 合金已成为国际上应用最多的无铅合金。

3）锡膏

锡膏是将焊料粉末与具有助焊功能的糊状焊剂混合而成的，通常合金焊料粉末占总重量的 85%~90%，占体积的 50% 左右，其余是化学成分。如图 5-24 所示。锡膏的包装外观如图 5-25 所示。

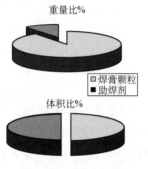

图5-24　焊粉与助焊剂的重量比与体积比

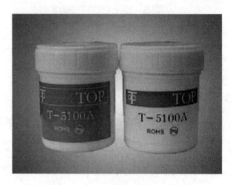

图5-25　锡膏的包装外观

（1）松香型锡膏。松香具有优良的助焊性，松香的残留物在焊接后成膜性好，对焊点有保护作用，有时即使不清洗，也不会出现腐蚀现象。特别是松香具有增黏作用，锡膏印刷能黏附片式元件，不易产生移位现象。此外，松香易与其他成分相混合并起到调节黏度的作用，故锡膏中的金属粉末不易沉淀和分层。

（2）水溶性锡膏。水溶性锡膏在组成结构上同松香型锡膏类似，其成分包括 Sn/Pb 粉末和糊状焊剂。但在糊状焊剂中却以其他的有机物取代了松香，在焊接后可以直接用纯水进行冲洗，去掉焊后的残留物。虽然水溶性锡膏已面世多年，但由于其糊状焊剂中未使用松香，水溶性锡膏的黏性受到一定的限制，易出现黏结力不够大的问题。

（3）免清洗低残留物锡膏。免清洗低残留物锡膏也是适应环保需要而开发出的锡膏，顾名思义，它在焊接后不再需要清洗。但是它在焊接后仍具有一定量的残留物，且残留物主要集中在焊点区，有时仍会影响测试针床的检测。因此，要想达到免清洗的目的，通常要求在使用免清洗低残留物锡膏时，采用氮气保护再流焊。这样可以有效增强免清洗低残留物锡膏的润湿作用，防止焊接区的二次氧化。此外，免清洗低残留物锡膏的残留物挥发速度比在常态下明显加快，减少了残留物的数量。

4）贴片胶

贴片胶又叫黏合剂。在混合组装中把表面贴装元器件暂时固定在 PCB 的焊盘图形上，以便随后的波峰焊接等工艺操作得以顺利进行；在双面表面贴装情况下，辅助固定表面贴装元器件，以防翻板和工艺操作中出现振动时表面组装元器件掉落。因此，在贴装表面贴装元器件前，就要在 PCB 上设定焊盘位置涂敷贴片胶。

贴片胶主要成分为基体树脂、固化剂和固化剂促进剂、增韧剂、填料等。为了使贴片胶具有明显的区别于 PCB 的颜色，需要加入色料，通常为红色，因此贴片胶又俗称红胶。常用的表面安装贴片胶主要有两类，即环氧树脂类和聚丙烯类。

拓展知识
BGA 集成电路的
修复性植球

视频链接
BGA 集成电路的
修复性植球

素养养成

（1）通过表面贴装元器件的实物展示，认识到贴装元器件的尺寸是非常小的。从贴片元件的技术发展，引发对科学的探索兴趣，激发对科学探索的热情，具有敢于创新的科学精神。

（2）在进行表面贴装集成电路的的认识时，产生对集成电路内部结构的兴趣，激发探索微观世界的兴致；了解华为芯片封锁事件，增强科技报国的热情。

任务实现 //

1.任务分组

任务工作单

组号：_____ 姓名：_____ 学号：_____ 检索号：___5111-1___

班级		组号		指导教师	
组长		学号			
组员	序号	姓名		学号	
	1				
	2				
	3				
	4				
	5				
任务分工					

2.自主探学

任务工作单 1

组号：_____ 姓名：_____ 学号：_____ 检索号：___5112-1___

引导问题：

（1）表面贴装电阻器按封装外形可分为哪两种？

_____

（2）根据其外形和封装材料，铝电解电容器可分为哪两类？外壳上深色标记代表什么极？

_____

（3）小外形塑封晶体管 SOT 一般分为哪四种封装？其引脚排列有哪些形式？

_____

（4）片状集成电路有引脚形式的元器件中，引脚形状都有哪几种？

_____

（5）常见的表面贴装工艺材料都有哪些？

_____

任务工作单 2

组号：_____ 姓名：_____ 学号：_____ 检索号：___5112-2___

引导问题：

（1）标有 103 的矩形片式电阻器的阻值为多少？ 102 又为多少？

_____

_____

（2）SOT-23 是通用的表面贴装晶体管，有 3 个翼形引脚，它的三个极是如何排列的？

_____

_____

（3）QFP 和 BGA 分别表示什么封装？在引脚相同的情况下，哪一个面积小？

_____

_____

（4）编制贴片收音机片状元器件的识别实施方案。

序号	操作要素	操作要领

3.合作研学

组号：_____　姓名：_____　学号：_____　检索号：___5113-1___

引导问题：

（1）小组交流讨论，教师参与，形成正确的贴片收音机片状元器件的识别实施方案。

序号	操作要素	操作要领

（2）记录自己存在的不足。

_____

4.展示赏学

组号：_____　姓名：_____　学号：_____　检索号：___5114-1___

引导问题：

（1）每小组推荐一位小组长，汇报贴片收音机片状元器件的识别实施方案，借鉴每组经验，进一步优化方案。

序号	操作要素	操作要领

（2）检讨自己的不足。

_____

5.任务实施

组号：_____ 姓名：_____ 学号：_____ 检索号：____5115-1____

引导问题：

（1）按照贴片收音机片状元器件的识别实施方案，对贴片收音机片状元器件进行识别，并记录实施过程。

案例详解
贴片电调收音机贴片
元器件的认识

操作要素	操作要领	备注

（2）对比分析贴片收音机片状元器件的识别材料清单，并记录分析过程。

操作要领	实际操作	是否有问题	原因分析

6.任务评价

评价反馈
子任务 5.1.1 评价表

（1）个人自评。

（2）小组内互评。

（3）小组间互评。

（4）教师评价。

子任务5.1.2　表面贴装元器件手工装接

 **任务描述** ///

（1）根据贴片调频收音机印制电路板及元器件装配图，对照电路原理图和材料清单，对表面贴装元器件装接进行工艺设计。

（2）对照印制电路板及元器件装配图，按照正确装配顺序进行元器件的插装及贴装，用 20 W 内热式电烙铁进行手工焊接。

（3）装配焊接后进行检查，无误后装入机壳通电试机。

 **学习目标** ///

知识目标

（1）掌握表面贴装元器件的手工装接方法。

（2）清楚表面贴装工艺流程。

能力目标

（1）能够用目视法对表面贴装电子元器件进行识别。

（2）能够利用手工工具对表面贴装元器件进行手工装接。

（3）能够对表面贴装集成电路进行拖焊，并保证焊接质量。

素养目标

（1）树立严谨细致的工作作风。

（2）养成不打无准备之仗的职业习惯。

（3）形成仔细认真、追求精益求精的工匠精神。

 **重点与难点** ///

重点：表面贴装元器件的手工装接方法。

难点：表面贴装元器件的手工装接技巧。

知识准备 ///

1.表面贴装元器件手工装接所需的工具

手工贴片所使用的工具除了电烙铁外一般还有吸笔、贴片台和 BGA 专用贴装系统。为了保证贴片效率和品质，需要根据元器件的封装类型选择合适的装接工具。

（1）吸笔。吸笔是一种跟自动贴片机的贴装头很相似的工具，它的头部有一个用真空泵控制的吸盘，在笔杆的中部有一个小孔，当用手指堵塞小孔时，头部的负压把元器件从物料盒里吸起，当手松开时，元器件就被释放到电路板上。吸笔主要用于贴装尺寸比较小的元器件，如果贴装大型的芯片，则需要使用贴片台。

（2）贴片台。贴片台是将吸笔固定在贴装头上，贴装头起稳定作用，吸取头的真空吸盘靠手动按钮控制，它比吸笔有更高的精度和稳定性，配合微调台使用可以保证贴片的准确性。贴片台主要用于贴装引脚多，引脚间距比较小的芯片，如 QFP、TSOP 等。如果芯片的封装是 BGA 形式，那么需要使用 BGA 专用贴装系统。

（3）BGA 专用贴装系统。BGA 专用贴装系统是贴片台与对准系统的组合，它通过光学棱镜将 BGA 焊锡球与 PCB 焊盘对准，实现准确贴装。

焊接工具需要有 20W 的铜头小烙铁，有条件的可使用温度可调和、带 ESD 保护的焊台，注意烙铁尖要细，顶部的宽度不能大于 1 mm。一把尖头镊子可以用来移动和固定芯片以及检查电路。还要准备细焊丝、助焊剂和异丙基酒精等。使用助焊剂的目的主要是增加焊锡的流动性，这样焊锡可以用烙铁牵引，并依靠表面张力的作用光滑地包裹在引脚和焊盘上。焊接后用酒精清除印制电路板上的焊剂。

2.手工贴片过程

（1）在贴装前首先按照工艺文件对物料进行核对，保证元器件本体标识、物料盒标识与工艺文件中规定的物料规格型号一致。

（2）作业时，按照工艺文件规定位置和方向放置元器件，有极性的元器件要注意其极性。

（3）应尽量减少用手去直接接触元器件，以防止元器件的焊端氧化。

（4）放置元器件时，应尽量抬高手腕部位，同时手应尽量少抖动以防将印刷的锡膏抹掉或将前工序已贴好的元器件抹掉、移位。焊盘上的焊锡膏被破坏也会影响焊接质量。

（5）将元器件放到焊盘上后需稍稍用力将元器件压一下，使其与焊锡膏良好结合，防止在传送的途中元器件移位，但是不可用力太大，否则容易将锡膏挤压到焊盘外的阻焊层上，容易产生锡球。

（6）放置时尽量一次放好，特别是多个引脚的集成电路。因为引脚间距很小，如果一次放不好，就需要重新修正，这样会破坏焊盘上的锡膏，使其连在一起，极易造成虚焊或连焊。

（7）贴装 BGA 芯片时，需要使用 BGA 专用的贴装系统，不能以元件边框和 PCB 上的白线框为对准参照物，需要将 BGA 的焊锡球与 PCB 焊盘完全对准才能保证焊接品质。如果没有一次贴正，则需要将元器件吸起来重新对准再贴装。

3.表面贴装元器件的手工焊接方式

最常见的手工焊接方式有两种：接触焊接与热风焊接。

（1）接触焊接。接触焊接是用加热的烙铁嘴或烙铁环直接接触焊接点完成的。烙铁嘴或环烙铁安装在焊接工具上，焊接嘴用来加热单个焊接点，而焊接环用来同时加热多个焊接点。烙铁环主要用于多脚元件的拆除，其结构有多种形式，如两面和四面的离散环，可用其拆卸矩形和圆柱形的元器件及集成电路等。烙铁环对取下已经用胶粘接的元器件非常有用，在焊锡熔化后，烙铁环可拧动元器件，打破胶的连接。对于塑料引脚芯片载体的四边元件，用烙铁环焊取元器件时很难同时接触所有的引脚，因此有些焊点不熔化，这种情况易造成在取下元器件时将印制电路板的铜箔拉起。由于表面贴装通常所需的热量，比通孔焊接所需的热量小，因此接触焊接系统一般采用限温或控温焊接烙铁，操作温度一般控制在 335~365 ℃之间。

接触焊接最大的缺点是烙铁头直接接触元器件，容易对元器件造成温度冲击，导致陶瓷元器件损伤，特别是多层陶瓷电容等。

（2）热风焊接。热风焊接是通过喷嘴把加热的空气或惰性气体（如氮气）吹向焊接点和引脚来完成焊接的。手工操作一般选用手持式热风枪，手持式热风枪取下和更换矩形、圆柱形及其他小型元件比较方便。热风焊接可以避免接触焊接的局部过热，热风温度范围一般是 300~400 ℃，熔化焊锡所要的时间取决于热风量的大小。较大的元器件在取下或更换之前，加热时间可能会超过 60 秒。

虽然热风焊接传热效率较低，加热过程缓慢，但是它减少了对某些元器件的热冲击，并且热风对每个焊盘的加热及熔化温度是均匀的，而且热风的温度和加热率是可控制、可重复和可预测的，所以热风枪价格比烙铁要贵得多。

4.手工焊接贴片件的技巧

首先，清理焊盘，然后把少量的焊膏放到焊盘上；其次，对位贴片元器件，用恒温电烙铁加热焊锡，固定贴片件；最后，固定好后，在元器件引脚上用电烙铁加热焊锡使其完全浸润、扩散，以形成完好的焊点。

另一种方法是先在一个焊盘上镀锡，镀锡后电烙铁不要离开焊盘，快速用镊子夹着元器件将其放在焊盘上，焊好一个引脚后，再焊另一个引脚，如图 5-26 所示。焊接集成电路时，先把元器件放在预定位置上，用少量焊锡焊住元器件的 2 个对脚，使元器件准确固定，然后将其他引脚涂上助焊剂，依次焊接。如果技术水平过硬，可以用 H 型电烙铁进行"拖焊"，即沿着元器件引脚，把烙铁头快速往后拖，拖焊焊接速度快，可提高焊接效率。

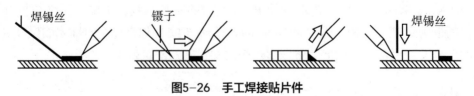

图5-26　手工焊接贴片件

5.手工焊接贴片件的工艺要求

（1）焊剂的用量要合适。焊剂用量过少则影响焊接质量；用料过多时，焊剂残渣将会腐蚀零件，并使线路的绝缘性能变差。

（2）焊接的温度和时间要掌握好。焊接温度过低，焊锡流动性差，很容易凝固，形成虚焊；温度过高，将使焊锡流淌，焊点不易存锡，焊剂分解速度加快，金属表面加速氧化，并导致印制电路板上的焊盘脱落。

难点讲解
表面贴装元器件的
手工装接工艺

（3）焊接时手要扶稳。在焊锡凝固过程中不能晃动被焊元器件，否则将造成虚焊。

（4）焊点的重焊。当焊点焊接一次不成功或上锡量不够时，便要重新焊接。重新焊接时，必须待上次的焊锡一同熔化并融为一体时才能把烙铁移开。

（5）焊接后的处理。当焊接结束后，应将焊点周围的焊剂清洗干净，并检查电路板有无漏焊、错焊、虚焊等现象。

6）合格的焊点要求

（1）焊点成内弧形（圆锥形）。
（2）焊点整体要圆满、光滑、无针孔、无松香渍。
（3）零件脚外形可见锡的流散性好。
（4）焊锡将整个上锡位置及零件脚包围。
（5）电气接触良好、机械强度可靠、外形美观，如图 5-27 所示。

拓展知识
SMT 元器件的手工拆焊

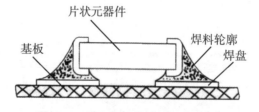

图5-27　手工焊接贴片件的合格焊点

（1）在进行利用手工工具对表面贴装元器件进行手工装接时，注意对贴片元器件要轻拿轻放，培养严谨细致的工作作风；焊接时不能晃动焊盘，要有一丝不苟的态度，养成良好的职业习惯。

（2）在进行贴片元器件装配焊接之前，要把锥形烙铁头的电烙铁准备好，不打无准备之仗，进一步明白"工欲善其事，必先利其器"的道理。

（3）在进行贴片元器件的装配焊接时，要轻拿轻放，仔细、认真，不要急躁，要有信心、耐心、决心，具有持之以恒的做事态度，具备精益求精的工匠精神。

 任务实现 ///

1.任务分组

任务工作单

组号：_____ 姓名：_____ 学号：_____ 检索号：____5121-1____

班级		组号		指导教师	
组长		学号			
组员	序号	姓名		学号	
	1				
	2				
	3				
	4				
	5				
任务分工					

2.自主探学

任务工作单 1

组号：_____ 姓名：_____ 学号：_____ 检索号：____5122-1____

引导问题：

（1）手工贴片所使用的工具都有哪些？

_____

（2）最常见的手工焊接方式有哪两种？各有什么优缺点？

_____

（3）贴片元器件的手工焊接方法有哪些？

_____

（4）手工焊接贴片件的工艺要求有哪些？

_____

（5）合格的焊点有哪些要求？

_____

任务工作单 2

组号：_____ 姓名：_____ 学号：_____ 检索号：____5122-2____

引导问题：

（1）贴片元器件怎样贴到准确位置？

_____

_____

（2）焊接采用的方法是什么？

_____

_____

（3）装接好后怎样测量总电流？

_____

_____

（4）编制贴片调频收音机的装接实施方案。

序号	操作要素	操作要领

3.合作研学

任务工作单

组号：_____　姓名：_____　学号：_____　检索号：　5123-1

引导问题：

（1）小组交流讨论，教师参与，形成正确的贴片调频收音机的装接实施方案。

序号	操作要素	操作要领

（2）记录自己存在的不足。

_____

4.展示赏学

任务工作单

组号：_____　姓名：_____　学号：_____　检索号：　5124-1

引导问题：

（1）每小组推荐一位小组长，汇报贴片调频收音机的装接实施方案，借鉴每组经验，进一步优化方案。

序号	操作要素	操作要领

（2）检讨自己的不足。

_____

5.任务实施

组号：_____ 姓名：_____ 学号：_____ 检索号：____5125-1____

案例详解
贴片收音机装配焊接
任务实施

引导问题:

（1）按照贴片调频收音机的装接实施方案，对贴片调频收音机散件进行装配焊接，并记录实施过程。

操作要素	操作要领	备注

（2）对比分析贴片调频收音机装接实施步骤，并记录分析过程。

操作要领	实际操作	是否有问题	原因分析

6.任务评价

评价反馈
子任务 5.1.2 评价表

（1）个人自评。

（2）小组内互评。

（3）小组间互评。

（4）教师评价。

任务5.2 表面贴装电子元器件自动贴焊

● **子任务5.2.1** 表面贴装元器件自动贴焊工艺认知 ●———◎

 任务描述 //

电子产品的微型化和集成化是现代电子科技革命的重要标志，也是未来发展的方向。日新月异的高性能、高可靠、高集成、微型化和轻型化的电子产品，正在改变我们的生活，促进人类文明的进程。表面贴装技术（SMT），是实现电子产品微型化和集成化的关键。本任务通过将复杂的工艺过程简单化，神秘的设备表面化，使学生在极短的时间里可以掌握 SMT 的基本工作过程。

📖 学习目标 //

知识目标
（1）了解表面贴装的技术特点。
（2）掌握表面贴装的工艺流程和分类。

能力目标
（1）能够对表面贴装的两大工艺流程进行区分和判定。
（2）能够针对不同的装配选择不同的工艺。

素养目标
（1）激发民族自豪感和爱国热情。
（2）具备解决问题的科学思维。

 重点与难点 //

重点：表面贴装技术工艺分类。
难点：表面贴装元器件的贴焊工艺过程。

 知识准备 //

1.表面贴装工艺流程

表面贴装工艺有两种最基本的工艺流程：一种是锡膏－再流焊工艺，另一种是点胶－波峰焊工艺。

SMT 基本工艺要素包括丝印（或点胶）→贴装→（固化）→回流（波峰）焊接→清洗→检测→返修。每个工艺要素的具体介绍如下。

（1）丝印。它的作用是将焊膏或贴片胶漏印到 PCB 的焊盘上，为元器件的焊接做准备。丝印所用设备为丝印机，它位于 SMT 生产线的最前端。

（2）点胶。即将胶水滴到 PCB 的指定位置上的过程即为点胶，它的主要作用是将元器件固定到 PCB 上，所用设备为点胶机，它位于 SMT 生产线的最前端或者检测设备后面。

（3）贴装。它的作用是将表面组装元器件准确安装到 PCB 的指定位置上，贴装所用设备为贴片机，它位于 SMT 生产线中丝印机的后面。

（4）固化。它的作用是将贴片胶融化，使表面组装元器件与 PCB 牢固的粘接在一起。固化所用设备为固化炉，它位于 SMT 生产线中贴片机的后面。

（5）回流焊接。它的作用是将焊膏融化，使表面组装元器件与 PCB 牢固粘接在一起。回流焊接所用设备为回流焊炉，同样位于 SMT 生产线中贴片机的后面。

（6）清洗。它的作用是将组装好的 PCB 上面的对人体有害的焊接残留物如助焊剂等除去。清洗所用设备为清洗机，它的位置不固定，可以在线，也可以不在线。

（7）检测。它的作用是对组装好的 PCB 进行焊接质量和装配质量的检测。检测所用设备有放大镜、显微镜、在线测试仪（ICT）、飞针测试仪、X-RAY 检测系统和功能测试仪等。检测设备的位置可以根据需要配置在生产线合适的地方。

知识链接
表面贴装的技术特点

（8）返修。它的作用是对检测出故障的 PCB 进行返修。返修所用工具为烙铁、返修工作站等，返修过程可在生产线中任意位置。

SMT 生产线基本组成示例如图 5-28 所示。

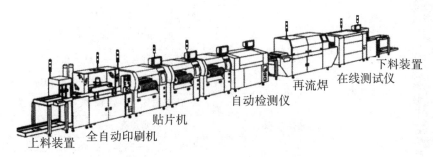

图5-28　SMT生产线基本组成示例

2.表面贴装技术组成

表面贴装技术是电子制造业中技术密集、知识密集的高新技术。作为新一代电子装联技术，其发展迅速、应用广泛，在许多领域中甚至已经完全取代了传统的电子装联技术。不仅如此，表面贴装技术还以自身的特点和优势，在应用过程中不断地发展完善，使电子装联技术发生了根本性和革命性的变革。

（1）表面贴装技术。表面贴装技术涉及元器件封装、电路基板技术、涂敷技术、自动控制技术、软钎焊技术、物理、化工和新型材料等多种专业和学科。表面贴装技术内容丰富，主要包含表面贴装元器件（SMC/SMD），表面贴装电路板的设计（EAD设计），表面贴装专用辅料（焊锡膏及贴片胶等）、表面贴装设备，表面贴装焊接技术（包括双波峰焊、再流焊、气相焊、激光焊等），表面贴装测试技术、清洗技术、防静电技术，以及表面贴装生产管理等多方面内容。表面贴装技术由组装元器件和电路板基板技术、组装设计及组装工艺技术组成，如表5-1所示。

表5-1 表面贴装技术的组成

组装元器件	封装设计	结构尺寸，端子形式，耐焊性等
	制造技术	
	包装	编带式、棒式、托盘式，散装等
电路基板技术	单（多）层印制电路板，陶瓷基板、瓷釉金属基板	
组装设计	电设计、热设计、元器件布局和电路布线设计，焊盘图形设计	
组装工艺技术	组装方式和工艺流程	
	组装材料	
	组装技术	
	组装设备	

表面贴装工艺主要由组装材料、组装技术和组装设备三部分组成，如表5-2。

表5-2 表面贴装工艺的组成

组装材料	涂敷材料		焊膏、焊料和贴装胶
	工艺材料		焊剂、清洗剂和热转换介质
组装技术	涂敷技术		点涂、针转印和印制（丝网、模板）
	贴装技术		顺序式、在线式和同时式
	焊接技术	波峰焊接	焊接方法——双波峰、喷射波峰
			贴装胶涂敷——点涂和针转印
			贴装胶固化——紫外、红外和电加热
		再流焊接	焊接方法——焊膏法、预置焊料法
			焊膏涂敷——点涂、印刷
			加热方法——气相、红外、热风和激光等

续表

组装技术	清洗技术	溶剂清洗、水清洗
	检测技术	非接触式检测、接触式检测
	返修技术	热空气对流、传导加热
组装设备	涂敷设备	点涂器、针式转印机和印刷机
	贴片机	顺序式贴片机、同时式贴片机和在线式贴装系统
	焊接设备	双波峰焊机、喷射波峰焊机和各种再流焊接设备
	清洗设备	溶剂清洗剂、水清洗机
	测试设备	各种外观检查设备、在线测试仪和功能测试仪
	返修设备	热空气对流返修工具和设备、传导加热返修设备

（2）表面贴装工艺分类。采用表面贴装技术完成装联接的印制板组装件叫作表面贴装组件（Surface Mount Assembly，简称 SMA）。SMT 工艺有锡膏 - 再流焊工艺和贴片胶 - 波峰焊工艺两类最基本的工艺流程。在实际生产中，应根据所用元器件和生产装备的类型以及产品的需求，选择单独或者重复、混合使用两类贴装工艺，以满足不同产品生产的需要。表面贴装工艺分为 6 种组装方式，如表 5-3 所示。下面简单介绍基本的工艺流程。

表5-3　表面贴装工艺的六种组装方式

序号	组装方式		组装示意图	电路基板及特征
1	全表面组装	单面表面贴装		单面印制电路板或双面印制电路板，元件在一面
2		双面表面贴装		双面印制电路板，元件在两面
3	单面板混装	先贴后插单面焊接		双面印制电路板，元件在两面
4		先插后贴单面焊接		双面印制电路板，元件在两面
5	双面板混装	先贴后插双面焊接		双面印制电路板，元件在一面
6		先贴后插双面焊接		双面印制电路板，元件在两面

（3）SMT 工艺流程。印制电路板装配焊接采用再流焊工艺，涂敷焊料的典型方法之一是用丝网或模板印刷焊锡膏，其流程如下。

制作焊锡膏丝网或模板→漏印焊锡膏→贴装 SMT 元器件→再流焊→印制电路板（清洗）测试。

难点讲解
表面安装器件的贴焊工艺

①单面 SMT 印制电路板。

a. 用再流焊：A 面漏印锡膏→贴片→再流焊→印制电路板（清洗）测试。

b. 用波峰焊：A 面点胶→贴片→固化→A 面波峰焊→印制电路板（清洗）测试。

②双面 SMT 印制电路板（B 面先贴片：SMC、SOP 等小型器件；不适合 PLCC、BGA 和 QFP 等大型器件）。

a.A 面用再流焊，B 面用波峰焊：

B 面点胶、贴片、固化→A 面漏印锡膏、贴片、再流焊→B 面波峰焊→印制电路板（清洗）测试。

b. 两面都用再流焊：

B 面漏印锡膏、贴片、再流焊→A 面漏印锡膏、贴片、再流焊→印制电路板（清洗）测试。

③ SMD+THD 混合组装在印制电路板的单面。

A 面漏印锡膏、贴片、再流焊→A 面插件→B 面波峰焊→印制电路板（清洗）测试。

④ SMD+THD 混合组装在印制电路板的两面。

a. 适用于 SMD 多于 THD 的情况：

B 面点胶、贴片、固化→A 面漏印锡膏、贴片、再流焊→A 面插件→B 面波峰焊→印制电路板（清洗）测试。

b. 适用于 THD 较少的情况：

A 面漏印锡膏、贴片、再流焊→B 面漏印锡膏、贴片、再流焊→A 面插件、手工焊接→印制电路板（清洗）测试。

⑤ SMD+THD 混合组装在印制电路板的两面，全部用波峰焊。

拓展知识
微组装技术

B 面点胶、贴片、固化→A 面插件→B 面波峰焊→印制电路板（清洗）测试。

事实上，不仅产品的复杂程度各不相同，而且各企业的设备条件也有很大差异，可以选择多种工艺流程。在企业实际生产中，在 SMT 工艺流程的每一个阶段完成之后，都要进行质量检验。完整的工艺总流程（包含质检环节）如图 5-29 所示。

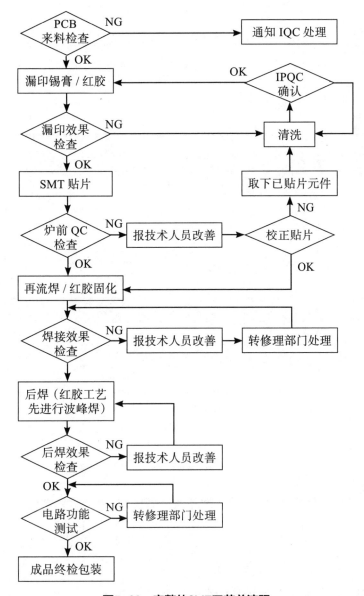

图5-29　完整的SMT工艺总流程

（1）表面贴装技术涉及多种技术，通过了解我国近年来的相关科学技术发展的速度和成就，增强民族自豪感和爱国热情。

（2）在进行 SMT 两类工艺流程的学习时，要有解决问题的多种思路的科学分析方法。

 任务实现

1.任务分组

任务工作单

组号：_____ 姓名：_____ 学号：_____ 检索号：___5211-1___

班级		组号		指导教师	
组长		学号			
组员	序号	姓名		学号	
	1				
	2				
	3				
	4				
	5				
任务分工					

2.自主探学

任务工作单 1

组号：_____ 姓名：_____ 学号：_____ 检索号：___5212-1___

引导问题：

（1）SMT 最基本的两大工艺流程是什么？
_____

（2）什么是丝印？
_____

（3）什么是点胶？
_____

（4）什么叫固化？
_____

（5）表面贴装技术都涉及哪些技术？
_____

任务工作单 2

组号：_____ 姓名：_____ 学号：_____ 检索号：___5212-2___

引导问题：

（1）表面贴装工艺主要由哪三部分组成？

_____

_____

（2）说出表面组装工艺有哪六种组装方式？

_____

_____

（3）锡膏－再流焊的工艺流程与点胶－波峰焊的工艺流程有何不同？

_____

_____

（4）编制印制电路板锡膏再流焊的实施方案。

序号	操作要素	操作要领

3.合作研学

任务工作单

组号：_____　　姓名：_____　　学号：_____　　检索号：　5213-1

引导问题：

（1）小组交流讨论，教师参与，形成正确的印制电路板锡膏再流焊的实施方案。

序号	操作要素	操作要领

（2）记录自己存在的不足。

_____

4.展示赏学

任务工作单

组号：_____　　姓名：_____　　学号：_____　　检索号：　5214-1

引导问题：

（1）每小组推荐一位小组长，汇报印制电路板锡膏再流焊的实施方案，借鉴每组经验，进一步优化方案。

序号	操作要素	操作要领

（2）检讨自己的不足。

_____

5.任务实施

任务工作单

组号：_____ 姓名：_____ 学号：_____ 检索号：____5215-1____

引导问题：

（1）按照印制电路板锡膏再流焊的实施方案，对印制电路板进行锡膏再流焊的实施方案汇报，并记录汇报的实施过程。

案例详解
印制电路板锡膏再流焊
任务实施步骤

实施要素	实施要领	备注

（2）对比分析印制电路板锡膏再流焊的实施步骤，并记录分析过程。

实施要领	实际步骤	是否有问题	原因分析

6.任务评价

（1）个人自评。

（2）小组内互评。

（3）小组间互评。

（4）教师评价。

评价反馈
子任务 5.2.1 评价表

 子任务5.2.2　表面贴装设备工艺分析

任务描述

（1）随着元器件封装的飞速发展，表面贴装技术也随之快速发展，在其生产过程中，焊膏印刷对于整个生产过程的影响和作用越来越受到重视。实际生产中不但要掌握和运用焊膏印刷技术，而且要能分析产生问题的原因，并将改进措施运用回生产实践中。

（2）在 PCB 上印好焊锡膏或贴片胶以后，用贴片机（也称贴装机）将 SMC/SMD 准确地贴放到 PCB 表面相应位置上的过程，称作贴片（贴装）工序。国内的电子产品制造企业主要采用自动贴片机进行自动贴片。因此贴片机的结构与工作原理及工作方式是必须掌握的。

学习目标

知识目标

（1）掌握锡膏印刷机的工作原理。

（2）掌握贴片机的基本构成及主要指标。

能力目标

（1）能够对锡膏印刷机的工作原理进行叙述。

（2）能够辨别贴片机的工作方式。

素养目标

（1）提升辩证思维的能力。

（2）明白效率就是生命的道理，增强科技兴国的责任感和使命感。

重点与难点

重点：贴片机的基本构成。

难点：贴片机的工作原理。

知识准备

1.锡膏印刷机

焊膏印刷技术是采用已经制好的模板（也称网板、漏板等），用一定的方法使模板和印刷机直接接触，并使焊膏在模板上均匀滚动，经模板图形注入网孔。当模板离开印制板时，焊膏就以模板上图形的形状从网孔脱落到印制板相应的焊盘图形上，从而完成焊膏在印制板上的印刷，如图 5-30 所示。完成这个印刷过程采用的设备就是焊膏印刷机。

焊膏和贴片胶（以下称印刷材料）都是触变流体，具有黏性。当刮刀以一定速度和角度向前移动时，对焊膏或贴片胶产生一定的压力，推动焊膏在刮板前滚动，产生将焊膏注入网孔或漏孔所需的压力。焊膏的黏性摩擦力使焊膏在刮板与网板交接处产生切变力，切变力使焊膏的黏性下降，有利于焊膏顺利地注入网孔或漏孔。刮刀速度、刮刀压力、刮刀与网板的角度，以及焊膏的黏度之间都存在一定的制约关系。因此，只有正确地控制这些参数，才能保证焊膏的印刷质量。

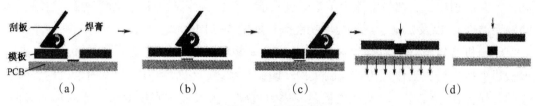

图5-30　焊膏印刷

（a）焊膏在刮板前滚动前进；（b）产生将焊膏注入漏孔的压力；

（c）切变力使焊膏注入漏孔；（d）焊膏释放（脱模）

1）再流焊工艺焊料供给方法

在再流焊工艺中，将焊料施放在焊接部位的主要方法有焊膏法、预敷焊料法和预成型焊料法。

（1）焊膏法。将焊膏涂敷到 PCB 焊盘图形上，是再流焊工艺中最常用的方法。焊膏涂敷方式有两种：注射滴涂法和印刷涂敷法。注射滴涂法主要应用在新产品的研制或小批量产品的生产中，可以手工操作，速度慢、精度低但灵活性高，省去了制造模板的成本。印刷涂敷法又分直接印刷法（也称模板漏印法或漏板印刷法）和非接触印刷法（也称丝网印刷法）两种类型，直接印刷法是目前高档设备广泛应用的涂敷方法。

（2）预敷焊料法。预敷焊料法也是再流焊工艺中经常使用的施放焊料的方法。在某些应用场合，可以采用电镀法和熔融法，把焊料预敷在元器件电极部位的细微引线上或是 PCB 的焊盘上。在窄间距元器件的组装中，采用电镀法预敷焊料是比较合适的，但电镀法的焊料镀层厚度不够稳定，需要在电镀焊料后再进行一次熔融。经过这样的处理，可以获得稳定的焊料层。

（3）预成型焊料法。预成形焊料是将焊料制成各种形状，如片状、棒状和微小球状等预先成型的焊料，焊料中可含有助焊剂。这种形式的焊料主要用于半导体芯片中的键合部分、扁平封装元器件的焊接工艺中。

2）锡膏印刷机及其结构

SMT 印刷机大致分为三个档次：手动、半自动和全自动印刷机。

（1）手动印刷机采用机械定位，可手动对正钢网和 PCB 焊盘的位置项并手动移动刮板。其特点是印刷质量较差，且对操作人员要求较高，适合印刷质量要求不高的小批量生产。

（2）半自动印刷机采用机械定位，可手动对正钢网和PCB焊盘的位置，刮板的速度和压力可以设定。特点是印刷质量比手动印刷机高，且对操作人员要求不高，适合小投资批量生产。

（3）全自动印刷机采用机械定位和光学识别校正系统，可自动对正钢网和PCB焊盘的位置，刮板的速度和压力可以设定。特点是印刷质量最好，操作容易，一次投入较高。

半自动和全自动印刷机可以根据具体情况配置各种功能，以便提高印刷精度。例如，视觉识别功能、调整电路板传送速度功能、工作台或刮刀45°旋转功能（适用于窄间距元器件），以及二维、三维检测功能等，如图5-31所示。

印刷机有以下几个机构组成：夹持PCB基板的工作台，包括工作台面、真空夹持或板边夹持机构、工作台传输控制机构；印刷头系统，包括刮刀、刮刀固定机构、印刷头的传输控制系统等；丝网或模板及其固定机构；为保证印刷精度而配置的其他选件，包括视觉对中系统、擦板系统和二维、三维测量系统等。

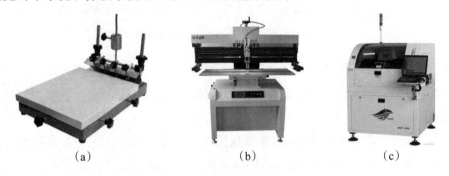

图5-31 锡膏印刷机实物

（a）手动锡膏印刷机；（b）半自动锡膏印刷机；（c）全自动锡膏印刷机

3）锡膏印刷机工作过程

（1）漏印模板印刷法的基本原理。如图5-32（a）所示，将PCB放在工作支架上，由真空泵或机械方式固定，将已加有印刷图形的漏印模板在金属框架上绷紧，模板与PCB表面接触，镂空图形网孔与PCB板上的焊盘对准，把焊膏放在漏印模板上，刮刀（亦称刮板）从模板的一端向另一端推进，同时压刮焊膏通过模板上的镂空图形网孔印刷（沉淀）到PCB的焊盘上。假如刮刀单向刮锡，沉积在焊盘上的焊锡膏可能会不够饱满；而刮刀双向刮锡，焊膏图形就比较饱满。高档的SMT印刷机一般有A、B两个刮刀：当刮刀从右向左移动时，刮刀A上升，刮刀B下降，刮刀B压刮焊膏；当刮刀从左向右移动时，刮刀B上升，刮刀A下降，刮刀A压刮焊膏。两次刮锡后，PCB与模板脱离（PCB下降或模板上升），如图5-32（b）所示，完成焊膏印刷过程。图5-32（c）描述了简易SMT印刷机的操作过程，漏印模板用薄铜板制作，将PCB准确定位以后，手持不锈钢刮板进行焊膏印刷。

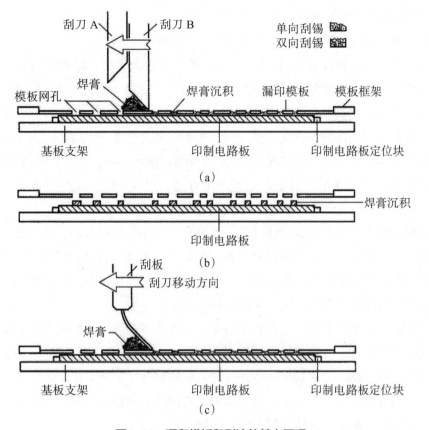

图5-32 漏印模板印刷法的基本原理

（a）固定 PCB；（b）焊膏印刷；（c）简易 SMT 印刷机操作过程

（2）丝网印刷涂敷法的基本原理。将乳剂涂敷到丝网上，只留出印刷图形的开口网目，就制成了非接触式印刷涂敷法所用的丝网。丝网印刷涂敷法的基本原理如图 5-33 所示。将 PCB 固定在基板支架上，将印刷图形的漏印丝网绷紧在框架上并与 PCB 对准，将焊膏放在漏印丝网上，刮刀从丝网上刮过去，压迫丝网与 PCB 表面接触，同时压刮焊膏通过丝网上的图形印刷到 PCB 的焊盘上。

视频链接
焊膏印刷

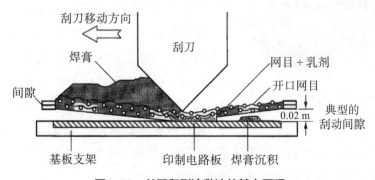

图5-33 丝网印刷涂敷法的基本原理

4）印刷质量分析与对策

导致焊膏印刷的品质问题的常见原因有以下几种。

（1）焊膏不足。印刷机工作时，没有及时补充添加焊膏；焊膏品质异常，其中混有硬块等异物；以前未用完的焊膏已经过期，被二次使用；电路板质量问题，焊盘上有不显眼的覆盖物，例如被印到焊盘上的阻焊剂（绿油）；电路板在印刷机内的固定夹持松动；焊膏漏印网板薄厚不均匀；焊膏漏印网板或电路板上有污染物（如 PCB 包装物、网板擦拭纸和环境空气中飘浮的异物等）；焊膏刮刀损坏、网板损坏；焊膏刮刀的压力、角度、速度以及脱模速度等设备参数设置不合适；焊膏印刷完成后，被人为因素不慎碰掉。

（2）焊膏粘连。电路板的设计缺陷，焊盘间距过小；网板问题，镂孔位置不正；网板未擦拭洁净；网板问题使焊膏脱模不良；焊膏性能不良，黏度、坍塌不合格；电路板在印刷机内的固定夹持松动；焊膏刮刀的压力、角度、速度以及脱模速度等设备参数设置不合适；焊膏印刷完成后，被人为因素挤压粘连。

（3）焊膏印刷整体偏位。电路板上的定位基准点不清晰；电路板上的定位基准点与网板的基准点没有对正；电路板在印刷机内的固定夹持松动，定位顶针不到位；印刷机的光学定位系统故障；焊膏漏印网板开孔与电路板的设计文件不符合。

（4）印刷焊膏拉尖。焊膏黏度等性能参数有问题；电路板与漏印网板分离时的脱模参数设定有问题；漏印网板镂孔的孔壁有毛刺。

2.贴片机

1）贴片机的主要结构

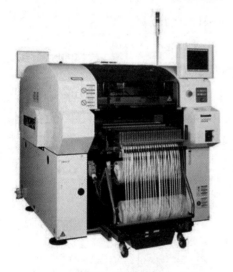

图5-34　贴片机

自动贴片机相当于机器人的机械手，能按照事先编好的程序把元器件从包装中取出来，并贴放到电路板相应的位置上。贴片机的基本结构包括设备本体、片状元器件供给系统、电路板传送与定位装置、贴装头及其驱动定位装置、贴片工具（吸嘴）和计算机控制系统等。为适应高密度超大规模集成电路的贴装，比较先进的贴片机还具有光学检测与视觉对中系统，保证芯片能够高精度地准确定位。图 5-34 是贴片机的实物图。

（1）设备本体。贴片机的设备本体是用来安装和支撑贴片机的底座，一般采用质量大、振动小和有利于保证设备精度的铸铁件制造。

（2）贴装头。贴装头也称吸 – 放头，是贴片机上最复杂、最关键的部分。它相当于机械手，它的动作由拾取－贴放和移动－定位两种模式组成。贴装头通过程序控制，完成三维的往复运动，从供料系统取料后移动到电路基板的指定位置上。贴装头的端部有一个用真空泵控制的贴装工具（吸嘴），不同形状、不同大小的元器件要采用不同的吸嘴拾放。一般元器件采用真空吸嘴拾放，异形元件（例如没有吸取平面的连接器等）采用机械爪结构拾放。当换向阀门打开时，吸嘴的负压把 SMT 元器件从供料系统（散装料仓、管状料斗、盘状纸带或托盘包装）中吸上来；当换向阀门关闭时，吸嘴把元器件

难点讲解
贴片机的结构与工作原理

释放到电路基板上。贴装头通过上述两种模式的组合，完成拾取－贴放元器件的动作。贴装头还可以用来在电路板指定的位置上点胶，涂敷固定元器件的黏合剂。贴装头的 $X\text{-}Y$ 定位系统一般用直流伺服电机驱动、通过机械丝杠传输力矩，磁尺和光栅定位的精度高于丝杠定位，但后者容易维护修理。

（3）供料系统。适合于表面贴装元器件的供料装置有编带、管状、托盘和散装等几种形式。供料系统的工作状态，根据元器件的包装形式和贴片机的类型而确定。贴装前，将各种类型的供料装置分别安装到相应的供料器支架上。随着贴装进程，装载着多种不同元器件的散装料仓水平旋转，把即将贴装的那种元器件转到料仓门的下方，便于贴装头拾取；纸带包装元器件的盘装编带随编带架垂直旋转，直立料管中的芯片靠自重逐片下移，托盘料斗在水平面上二维移动，为贴装头提供新的待取元件。

（4）电路板定位系统。电路板定位系统可以简化为一个固定了电路板的 $X\text{-}Y$ 二维平面移动的工作台。在计算机控制系统的操纵下，电路板随工作台，沿传送轨道移动到工作区域内并被精确定位，使贴装头能把元器件准确地释放到一定的位置上。精确定位的核心是"对中"，对中有机械对中、激光对中、激光加视觉混合对中以及全视觉对中方式。

（5）计算机控制系统。计算机控制系统是指挥贴片机进行准确有序操作的核心，目前大多数贴片机的计算机控制系统采用 Windows 界面。计算机控制系统可以通过高级语言软件或硬件开关，在线或离线编制计算机程序并自动进行优化，控制贴片机的自动工作步骤。每个贴片元器件的精确位置，都要通过编程输入计算机控制系统。具有视觉检测系统的贴片机，也是通过计算机控制系统实现对电路板上贴片位置的图形识别的。

2）贴片机的主要指标

要保证贴片质量，应该考虑三个要素：贴装元器件的正确性、贴装位置的准确性和贴装压力（贴片高度）的适度性。衡量贴片机的三个重要指标是精度、贴片速度和适应性。

（1）精度。

精度是贴片机主要的技术指标之一。不同厂家制造的贴片机，使用不同的精度体系。精度与贴片机的对中方式有关，其中以全视觉对中的精度最高。一般来说，贴片机的精度体系应该包含三个项目：贴片精度、分辨率和重复精度。三者之间有一定的相关关系。

贴片精度是指元器件贴装后相对于 PCB 上标准位置的偏移量大小，被定义为元器件焊端偏离指定位置的综合误差的最大值。贴片精度由两种误差组成，即平移误差和旋转误差。平移误差主要因为 X–Y 定位系统不够精确，旋转误差主要因为元器件对中机构不够精确和贴装工具存在旋转误差。定量地说，贴装 SMC 要求精度达到 ±0.01 mm，贴装高密度、窄间距的 SMD 至少要求精度达到 ±0.06 mm。

（2）贴片速度。

有许多因素会影响贴片机的贴片速度。例如，PCB 的设计质量、元器件供料器的数量和位置等。一般高速机的贴片速度高于 5 片/秒，目前最快的贴片速度已经达到 20 片/秒以上。高精度、多功能贴片机一般都是中速机，贴片速度为 2~3 片/秒。贴片机的速度主要用以下几个指标来衡量。

①贴装周期。它指完成一个贴装过程所用的时间，包括从拾取元器件、元器件定位、检测、贴放和返回到拾取元器件的位置这一过程所用的时间。

②贴装率。它指在一小时内完成的贴片数量。测算贴装率时，先测出贴片机在 50 mm×250 mm 的电路板上贴装均匀分布的 150 只片状元器件的时间，然后再计算出贴装一只元器件的平均时间，最后计算出一小时贴装的元器件数量，即贴装率。目前高速贴片机的贴装率可达每小时数万片。

③生产量。理论上每班的生产量可以根据贴装率来计算，但由于实际的生产量会受到许多因素的影响，因此与理论值有较大的差距。影响生产量的因素有生产时停机、更换供料器或重新调整电路板位置的时间等。

（3）适应性。

适应性主要包括以下几方面。

①能贴装的元器件种类。贴装元器件种类广泛的贴片机，比仅能贴装 SMC 或少量 SMD 类型的贴片机的适应性好。决定贴装元器件类型的主要因素是贴片精度、贴装工具、定位机构与元器件的相容性，以及贴片机能够容纳供料器的数目和种类。高速贴片机主要可以贴装各种 SMC 元器件和较小的 SMD 元器件（最大约 25 mm×30 mm）；多功能贴片机可以贴装 1.0 mm×0.5 mm~54 mm×54 mm 的 SMD 元器件（目前可贴装的 SMD 元器件尺寸已经达到最小 0.6 mm×0.3 mm，最大 60 mm×60 mm），还可以贴装联接器等异形元器件，连接器的最大长度可达 150 mm 以上。

②贴片机能够容纳供料器的数目和种类。贴片机上供料器的容纳量，通常用能装到贴片机上的 8 mm 编带供料器的最多数目来衡量。一般高速贴片机的供料器位置多于 120 个，多功能贴片机的供料器位置在 60~120 个之间。由于并不是所有元器件都能包装在 8 mm 编带中，所以贴片机的实际容量将随着元器件的类型而变化。

③贴装面积。由贴片机传送轨道以及贴装头的运动范围决定。一般可贴装的电路板尺寸最小为 50 mm×50 mm，最大应大于 250 mm×300 mm。

④贴片机的调整。当贴片机从组装一种类型的电路板转换到组装另一种类型的电路

板时，需要进行贴片机的再编程、供料器的更换、电路板传送机构和定位工作台的调整及贴装头的调整和更换等工作。高档贴片机一般采用计算机编程方式进行调整，低档贴片机多采用人工方式进行调整。

3）元器件贴装偏差与高度

（1）矩形元器件允许的贴装偏差范围。如图 5-35（a）所示，贴装矩形元器件的理想贴装状态是焊端居中位于焊盘上，但在贴装时元器件可能发生横向移位（规定元器件的长度方向为横向）、纵向移位或旋转偏移，合格的贴装标准是横向焊端宽度的 3/4 以上在焊盘上，即 $D_1 >$ 焊端宽度的 75%；纵向焊端与焊盘必须交叠，即 $D_2 < 0$；发生旋转偏移时 $D_3 >$ 焊端宽度的 75%；元器件焊端必须接触焊膏图形，即 $D_4 > 0$。任意一项不符合上述标准，即为贴装不合格。

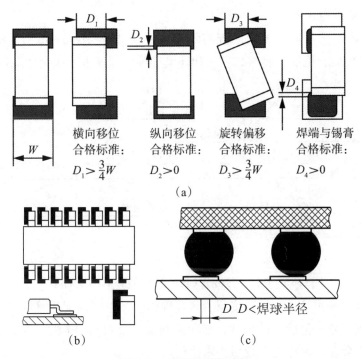

图5-35 **元器件贴装偏差**
（a）矩形元器件贴装；（b）SOIC 贴装；（c）BGA 贴装

（2）小封装晶体管（SOT）允许的贴装偏差范围。SOT 允许有旋转偏差，但引脚必须全部在焊盘上。

（3）小封装集成电路（SOIC）允许的贴装偏差范围。SOIC 允许有平移或旋转偏差，但必须保证引脚宽度的 3/4 在焊盘上。如图 5-35（b）所示。

（4）四边扁平封装器件和超小型器元件（QFP，包括 PLCC 器元件）允许的贴装偏差范围。这几类元器件允许有旋转偏差，但必须保证引脚长度的 3/4 在焊盘上。

（5）BGA 元器件允许的贴装偏差范围。焊球中心与焊盘中心最大偏移量应小于焊球半径，如图 5-35（c）所示。

（6）元器件贴片压力（贴装高度）。元器件贴片压力要合适，如果压力过小，元器件焊端或引脚浮放在焊膏表面，焊膏就不能粘住元器件，在电路板传送和焊接过程中，未粘住的元器件可能会移动位置；如果元器件贴装压力过大，焊膏挤出量过大，容易造成焊膏外溢，使焊接产生桥接，同时也会造成元器件的滑动偏移，严重时会损坏器件。

4）SMT工艺品质分析

SMT的工艺品质主要是以元器件贴装的正确性、准确性、完好性以及焊接完成之后元器件焊点的外观与焊接可靠性来衡量。

SMT的工艺品质与整个生产过程都有密切关联。例如，SMT生产工艺流程的设置、生产设备的状况、生产操作人员的技能与责任心、元器件的质量、电路板的设计与制造质量、焊膏与黏合剂等工艺材料的质量、生产环境（温湿度、尘埃、静电防护）等都会影响SMT工艺品质的水平。

分析SMT的工艺品质，要用系统的眼光，可以采用如图5-36所示的因果分析法（鱼刺图），按照人员、机器、物料、方法和环境等各个因素去系统全面地检讨分析。

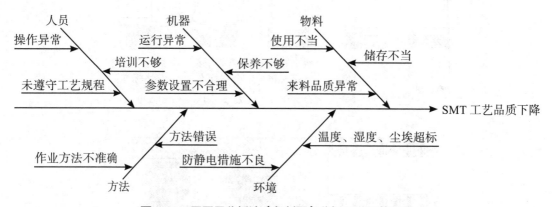

图5-36　用因果分析法（鱼刺图）分析SMT工艺品质

人员：是否有操作异常，是否按照工艺规程作业，是否得到足够培训。

机器：机器设备（包括各种配件，如印刷网板、上料架等）的运作是否有异常、各项参数设置是否合理、保养是否按照要求执行。

物料：来料（含元器件、PCB、焊膏和黏合剂等）是否有品质异常、储存与使用方法是否按规定执行。

方法：作业方法是否含糊、不够清晰甚至有错误。

环境：作业环境是否满足要求，温度、湿度、尘埃是否合乎规定，防潮湿、防静电是否按照要求执行。

SMT贴片常见的品质问题有漏件、翻件、侧件、偏位和损坏等。

（1）导致贴片漏件的主要因素。

元器件供料架送料不到位；元器件吸嘴的气路堵塞、吸嘴损坏、吸嘴高度不正确；设备的真空气路故障，发生堵塞；电路板进货不良，产生变形；电路板的焊盘上没有焊膏或焊膏过少；元器件质量问题，同一品种的厚度不一致；贴片机调用程序有错漏，或者编程时对元器件厚度参数的选择有误；人为因素不慎碰掉。

（2）导致 SMC 电阻器贴片时翻件、侧件的主要因素。

元器件供料架送料异常；贴装头的吸嘴高度不对；贴装头抓料的高度不对；元件编带的装料孔尺寸过大，元器件因震动翻转；散料放入编带时的方向相反。

（3）导致元器件贴片偏位的主要因素。

元器件的 X-Y 轴坐标不正确；贴片吸嘴原因，使吸料不稳。

（4）导致元器件贴片损坏的主要因素。

定位顶针过高，使电路板的位置过高，元器件在贴装时被挤压；元器件的 Z 轴坐标不正确；贴装头的吸嘴弹簧被卡死。

5）贴片机工作方式和类型

按照贴装元器件的工作方式，贴片机有四种类型：顺序式、同时式、流水作业式和顺序–同时式。它们在组装速度、精度和灵活性方面各有特色，要根据产品的品种、批量和生产规模进行选择。国内电子产品制造企业里，使用最多的是顺序式贴片机。流水作业式贴片机是指由多个贴装头组合而成的流水线式的机型，每个贴装头负责贴装一种或在电路板上某一部位的元器件，如图 5-37（a）所示。这种机型适用于元器件数量较少的小型电路。顺序式贴片机如图 5-37（b）所示，是由单个贴装头顺序地拾取各种片状元器件。固定在工作台上的电路板由计算机控制其在 X-Y 方向上的移动，使电路板上贴装元器件的位置位于贴装头的下面。同时式贴片机，也称多贴装头贴片机，它有多个贴装头，贴装头分别从供料系统中拾取不同的元器件，同时把它们贴放到电路基板的不同位置上，如图 5-37（c）所示。顺序–同时式贴片机，则是顺序式和同时式两种机型功能的组合。片状元器件的放置位置，可以通过电路板在 X-Y 方向上的移动或贴装头在 X-Y 方向上的移动来实现，也可以通过两者同时移动来实现，如图 5-37（d）所示。

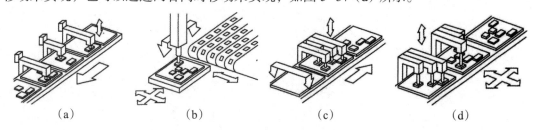

(a)　　　　　　(b)　　　　　　(c)　　　　　　(d)

图5-37　SMT元器件贴片机的类型

（a）流水作业式；（b）顺序式；（c）同时式；（d）顺序–同时式

在选购贴片机时，必须考虑其贴片速度、贴片精度、重复精度、送料方式和送料容量等指标，使它既符合当前产品的要求，又能适应近期发展的需要。如果对贴片机性能有比较深入的了解，就能够在购买设备时获得性价比更高的设备。例如，如果贴装一般的片状阻容元器件和小型平面集成电路，则可以选购一台多贴装头的贴片机，它的速度快但精度要求不高；如果还要贴装引脚密度更高的 PLCC/QFP 元器件，就应该选购一台具有视觉识别系统的贴装精度更高的泛用贴片机和一台用来贴装片状阻容元器件的普通贴片机，将两者配合起来使用。供料系统可以根据使用的贴片元器件的种类来选定，尽量采用盘状纸带式包装，以便提高贴片机的工作效率。如果企业生产SMT电子产品刚刚起步，应该选择一种由主机加上很多附件组成的中、小型贴片机系统。主机的基本性能好，价格不太高，可以根据需要选购多种附件，组成适应不同产品需要的多功能贴片机。

视频链接
表面贴装元器件的包装形式

视频链接
贴片机的工作方式和类型

素养养成

（1）在进行锡膏印刷机学习时，了解SMT印刷机一般有A、B两个刮刀，从左向右一个刮刀，从右向左一个刮刀，明白一面不够完全，两面才能完整，要有从正反两个方面看待事物的思维方式。

（2）在进行贴片机的学习时，通过贴片机的工作视频，感受贴片机的贴装速度，体会"效率就是生命"的含义，了解到贴片机的技术先进性。从我国与西方技术及其发展速度的差距和华为遭到国外技术封锁事件，领悟"落后就要挨打"这句话的深刻含义，增强科技兴国的责任感和使命感。

 任务实现

1.任务分组

任务工作单

组号：_____ 姓名：_____ 学号：_____ 检索号：___5221-1

班级		组号		指导教师	
组长		学号			
组员	序号	姓名		学号	
	1				
	2				
	3				
	4				
	5				
任务分工					

2.自主探学

任务工作单1

组号：_____ 姓名：_____ 学号：_____ 检索号：___5222-1

引导问题：

（1）再流焊工艺焊料供给方法有哪三种？

_____

（2）锡膏印刷机印刷的方法有哪两种？

_____

（3）贴片机的基本结构包括哪几部分？

_____

（4）衡量贴片机的三个重要指标是哪三个？

_____

（5）按照贴装元器件的工作方式，贴片机分为哪四种类型？

_____

任务工作单 2

组号：_____ 姓名：_____ 学号：_____ 检索号：____5222-2____

引导问题：

（1）导致焊膏印刷不良的原因都有哪些？

_____

_____

（2）贴片机要保证贴片质量，应该考虑哪三个要素？

_____

_____

（3）贴装机的适应性包括哪四个方面？

_____

_____

（4）编制对锡膏印刷机和贴片机的认知列表。

序号	知识点	知识要领

3.合作研学

任务工作单

组号：_____ 姓名：_____ 学号：_____ 检索号：____5223-1

引导问题：

（1）小组交流讨论，教师参与，形成完整的对锡膏印刷机和贴片机的认知列表。

序号	知识点	知识要领

（2）记录自己存在的不足。

_____

4.展示赏学

任务工作单

组号：_____ 姓名：_____ 学号：_____ 检索号：____5224-1

引导问题：

（1）每小组推荐一位小组长，汇报本组对锡膏印刷机和贴片机的认知列表，借鉴每组经验，进一步优化方案。

序号	知识点	知识要领

（2）检讨自己的不足。

_____

5.任务实施

组号：_____ 姓名：_____ 学号：_____ 检索号：___5225-1___

案例详解
对锡膏印刷机和贴片机的
认知列表

引导问题：

（1）按照对锡膏印刷机和贴片机的认知列表，检验对锡膏印刷机和贴片机的认知，并记录认知过程。

知识点	认知要领	备注

（2）对比分析对锡膏印刷机和贴片机的认知，并记录分析过程。

操作要领	实际操作	是否有问题	原因分析

6.任务评价

（1）个人自评。

（2）小组内互评。

（3）小组间互评。

（4）教师评价。

评价反馈
子任务 5.2.2 评价表

子任务5.2.3 再流焊及缺陷分析

任务描述

再流焊，也叫作回流焊，是伴随微型化电子产品的出现而发展起来的锡焊技术，主要应用于各类表面安装元器件的焊接。这种焊接技术的焊料是焊锡膏。焊接时预先在印制电路板的焊接部位施放适量和适当形式的焊锡膏，然后用贴放表面安装元器件，用焊锡膏将元器件粘在 PCB 上，利用外部热源加热，使焊料熔化而再次流动，将元器件焊接到印制电路板上。

再流焊操作方法简单，效率高、质量好、一致性好，节省焊料，是一种适合自动化生产的电子产品装配技术。再流焊工艺目前已经成为 SMT 电路板组装技术的主流。我们就来一起认识再流焊。

学习目标

知识目标

（1）掌握再流焊的工艺特点与工艺要求。

（2）掌握再流焊设备的基本工作流程与加热方法。

能力目标

（1）能够对各种再流焊设备加热方式及工艺性能进行比较。

（2）能进行再流焊质量缺陷分析。

素养目标

（1）养成规范操作的职业习惯。

（2）提高质量安全环保意识。

重点与难点

重点：再流焊的工艺要求与温度曲线控制。

难点：再流焊质量缺陷分析。

知识准备

1.再流焊工艺概述

再流焊也称回流焊。焊接时先在电路板的焊盘上涂敷适量和适当形式的焊锡膏，把

SMT 元器件贴放到相应的位置，焊锡膏具有一定黏性，能使元器件固定；然后再让贴装好元器件的电路板进入再流焊设备。传送系统带动电路板通过设备里设定的各个温度区域，焊锡膏经过干燥、预热、熔化、润湿和冷却后将元器件焊接到印制电路板上。再流焊的核心环节是利用外部热源加热，使焊料熔化而再次流动，完成电路板的焊接过程。再流焊工艺的一般流程如图 5-38 所示。

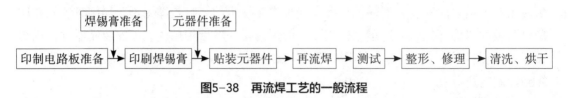

图5-38 再流焊工艺的一般流程

2.再流焊工艺的特点与要求

1）再流焊工艺的技术特点

与波峰焊技术相比，再流焊工艺具有以下技术特点。

（1）元器件不直接浸渍在熔融的焊料中，所以元件受到的热冲击小（由于加热方式不同，有些情况下施加给元器件的热应力也会比较大）。

（2）能在前导工序里控制焊料的施加量，减少了虚焊、桥接等焊接缺陷，所以焊接质量好，焊点的一致性好、可靠性高。

（3）假如前导工序在 PCB 上施放焊料的位置正确而贴放元器件的位置有一定偏离，则在再流焊过程中，当元器件的全部焊端、引脚及其相应的焊盘同时浸润时，由于熔融焊料表面张力的作用，会产生自定位效应，也称"自对中效应"，能够自动校正偏差，把元器件拉回到近似准确的位置。

（4）再流焊的焊料是能够保证正确成分的焊锡膏，一般不会混入杂质。

（5）可以采用局部加热的热源，因此能在同一基板上采用不同的焊接方法进行焊接。

（6）工艺简单，返修的工作量很小。

2）再流焊工艺过程温度控制与调整

控制与调整再流焊设备内焊接对象在加热过程中的时间 – 温度参数关系（常简称为焊接温度曲线），是决定再流焊效果与质量的关键。各类设备的演变与改善，其目的也是便于更加精确调整焊接温度曲线。

再流焊的加热过程可以分成预热、焊接（再流）和冷却三个最基本的温度区域，主要有两种实现方法：一种是沿着传送系统的运行方向，让电路板顺序通过隧道式炉内的各个温度区域；另一种是把电路板停放在某一固定位置上，在控制系统的作用下，按照各个温度区域的梯度规律调节、控制温度的变化。焊接温度曲线主要反映电路板元器件的受热状态，再流焊的理想焊接温度曲线如图 5-39 所示。

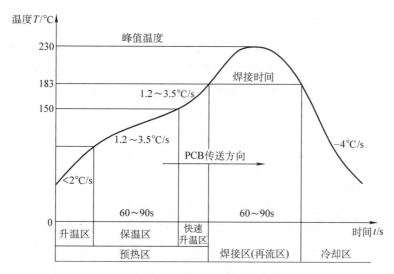

图5-39 再流焊的理想焊接温度曲线

典型的温度变化过程通常由三个温区组成，分别为预热区、焊接（再流）区与冷却区。

（1）预热区：焊接对象从室温逐步加热至150 ℃左右的区域，缩小与再流焊的温差，焊膏中的溶剂挥发。

（2）焊接（再流）区：温度逐步上升，超过焊膏熔点温度30%~40%（一般 Sn-Pb 焊锡的熔点为183 ℃），峰值温度达到220~230 ℃的时间短于10 s，焊膏完全熔化并浸湿元器件焊端与焊盘。这个范围一般被称为工艺窗口。

（3）冷却区：焊接对象迅速降温，形成焊点，完成焊接。

由于元器件的品种、大小与数量不同以及电路板尺寸等诸多因素的影响，要获得理想而一致的曲线并不容易，需要反复调整设备各温区的加热器，才能达到最佳温度曲线。

3）再流焊的工艺要求

（1）要设置合理的温度曲线。再流焊是 SMT 生产中的关键工序，假如温度曲线设置不当，会产生焊接不完全、虚焊、元器件翘立（"竖碑"现象）锡珠飞溅等焊接缺陷，影响产品质量。

（2）SMT 电路板在设计时就要确定再流焊时电路板在设备中的运行方向（称作"焊接方向"），并应按照设计的方向进行焊接。一般应该保证主要元器件的长轴方向与电路板运行方向垂直。

（3）在焊接过程中，要严格防止传送带振动。

（4）必须对第一块印制电路板的焊接效果进行判断，实行首件检查制。检查焊接是否完全、有无焊膏熔化不充分、虚焊或桥接的痕迹、焊点表面是否光亮、焊点形状是否向内凹陷、是否有锡珠飞溅和残留物等现象，还要检查 PCB 的表面颜色是否改变。在批量生产过程中，要定时检查焊接质量，及时对温度曲线进行修正。

3.再流焊炉的主要结构和工作方式

再流焊炉主要由炉体、上下加热源、PCB 传送装置、空气循环装置、冷却装置、排风装置、温度控制装置以及计算机控制系统组成。

再流焊的核心环节是将预敷的焊料熔融、再流、浸润。再流焊对焊料加热有不同的方法，按照热量的传导来分主要有辐射和对流两种方式；按照加热区域可以分为对 PCB 整体加热和局部加热两大类。整体加热的方法主要有红外线加热法、气相加热法、热风加热法和热板加热法；局部加热的方法主要有激光加热法、红外线聚焦加热法、热气流加热法和光束加热法。

再流焊炉的结构主体是一个热源受控的隧道式炉膛，涂敷了膏状焊料并贴装了元器件的电路板随传动机构匀速直线进入炉膛，顺序通过预热、再流（焊接）和冷却这三个基本温度区域。在预热区内，电路板在 100~160 ℃的温度下均匀预热 2~3 min，焊膏中的低沸点溶剂和抗氧化剂挥发，化成烟气排出。同时，焊膏中的助焊剂浸润，焊膏软化塌落，覆盖了焊盘和元器件的焊端或引脚，使它们与氧气隔离。并且电路板和元器件得到充分预热，以免它们进入焊接区因温度突然升高而损坏。在焊接区，温度迅速上升，比焊料合金的熔点高 20~50 ℃，膏状焊料在热空气中再次熔融，浸润焊接面，时间大约 30~90 s。当焊接对象从炉膛内的冷却区通过，焊料冷却凝固以后，全部焊点同时完成焊接。

再流焊设备可用于单面、双面、多层电路板上 SMT 元器件的焊接，以及在其他材料的电路基板（如陶瓷基板、金属芯基板）上的再流焊；也可以用于电子元器件、组件、芯片的再流焊；还可以对印制电路板进行热风整平、烘干，对电子产品进行烘烤、加热或固化黏合剂。再流焊设备既能够单机操作，也可以连入电子装配生产线配套使用。

再流焊设备还可以用来焊接电路板的两面：先在电路板的 A 面漏印焊膏，贴装 SMT 元器件后入炉完成焊接；然后在 B 面漏印焊膏，贴装元器件后再次入炉焊接。这时电路板的 B 面朝上，在正常的温度控制下完成焊接；A 面朝下，受热温度较低，已经焊好的元器件不会从板上脱落下来。这种工作状态如图 5-40 所示。

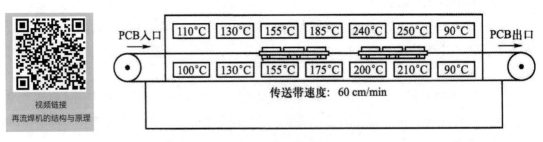

图5-40　再流焊时电路板两面的温度不同

4.再流焊设备的种类与加热方法

经过几十年的发展，再流焊设备的种类及加热方法经历了气相法、热板传导、红外线和全热风等几种方法。近年来新开发的激光束逐点式再流焊机，可实现极其精密的焊接，但成本很高。

1）气相再流焊

这是美国西屋公司于 1974 年首创的焊接方法，曾经在美国的 SMT 焊接中占有很高比例。其工作原理是加热传热介质氟氯烷系溶剂，使之沸腾产生饱和蒸气；在焊接设备内，介质的饱和蒸气遇到温度低的待焊电路组件，转变成为相同温度下的液体，释放出汽化潜热，使膏状焊料熔融浸润，电路板上的所有焊点同时完成焊接。这种焊接方法的介质液体需要较高的沸点（高于铅锡焊料的熔点），有良好的热稳定性，不自燃。

气相再流焊的优点是热转化效率高，焊接温度均匀，焊接对象不会氧化，能获得高精度、高质量的焊点。其缺点是介质液体及设备的价格高，介质液体是典型的臭氧层损耗物质，在工作时会产生少量有毒的全氟异丁烯气体，因此在应用上受到极大限制。气相再流焊设备的工作原理示意如图 5-41 所示。

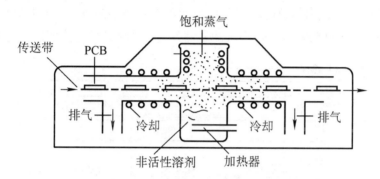

图5-41 气相再流焊设备的工作原理示意

2）热板传导再流焊

利用热板传导来加热的焊接方法称为热板再流焊。热板再流焊的工作原理示意如图 5-42 所示。

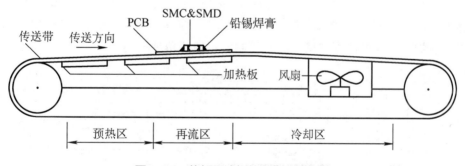

图5-42 热板再流焊的工作原理示意

热板传导再流焊的发热器件为加热板，放置在传送带下，传送带由导热性能良好的聚四氟乙烯材料制成。待焊电路板放在传送带上，热量先传送到电路板上，再传至铅锡焊膏与 SMC&SMD 元器件，铅锡焊膏熔化以后，再通过冷却区降温，完成电路板焊接。这种再流焊的热板表面温度不能大于 300 ℃，适用于高纯度氧化铝基板、陶瓷基板等导热性好的电路板单面焊接，对普通覆铜箔电路板的焊接效果不好。其优点是结构简单，操作方便；其缺点是热效率低，温度不均匀。

3）红外线再流焊

这种加热方法的主要工作原理是在设备内部，通电的陶瓷发热板（或石英发热管）辐射出远红外线，电路板通过数个温区，接受辐射转化为热能，达到再流焊所需的温度，焊料浸润，完成焊接，然后冷却。红外线辐射加热法是使用最为广泛的 SMT 焊接方法之一。使用远红外线辐射作为热源的加热炉，称作红外线再流焊炉，其工作原理示意如图5-43 所示。这种设备成本低，适用于低组装密度产品的批量生产，调节温度范围较宽的炉子也能在点胶贴片后固化贴片胶。炉内加热源有远红外线与近红外线两种热源。一般前者多用于预热，后者多用于再流焊加热。整个加热炉可以分成几段温区，分别控制温度。红外线再流焊炉的优点是热效率高，温度变化梯度大，温度曲线容易控制，焊接双面电路板时，上、下温度差别大。其缺点是电路板同一面上的元器件受热不够均匀，温度设定难以兼顾周全，阴影效应较明显：当元器件的颜色深浅、材质差异以及封装不同时，各焊点所吸收的热量不同，体积大的元器件会对小元器件造成阴影使之受热不足。

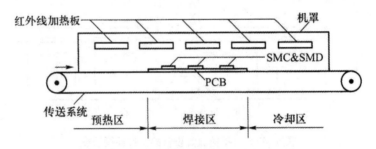

图5-43　红外线再流焊炉的工作原理示意

4）热风对流再流焊

热风对流再流焊是利用加热器与风扇，使炉膛内的空气或氮气不断加热并强制循环流动，焊接对象在炉内受到炽热气体的加热而实现焊接，其工作原理示意如图 5-44 所示。这种再流焊设备的加热温度均匀但不够稳定；焊接对象容易氧化，电路板上、下的温差以及沿炉长方向的温度梯度不容易控制，一般不单独使用。

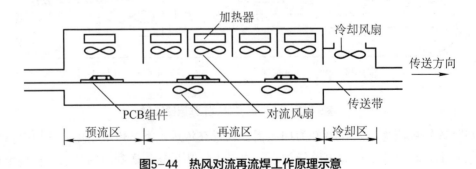

图5-44　热风对流再流焊工作原理示意

5）激光再流焊

激光再流焊是利用激光束良好的方向性及功率密度高的特点，通过光学系统将激光束聚集在很小的区域内，在很短的时间内使焊接对象形成一个局部加热区，图 5-45 是激光再流焊的工作原理示意。激光再流焊的加热具有高度局部化的特点，不产生热应力，热冲击小，不易损坏热敏元器件。但是设备投资大，维护成本高。

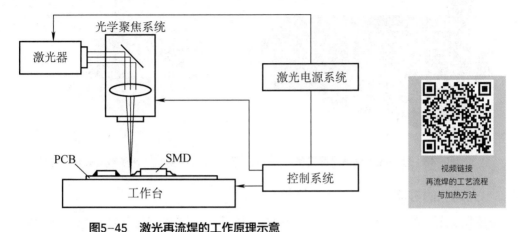

图5-45 激光再流焊的工作原理示意

5.新一代再流焊设备及工艺

1）红外线热风再流焊机

为使不同颜色、不同体积的元器件（如 QFP、PLCC 和 BGA 封装的集成电路）能同时完成焊接，必须改善再流焊设备的热传导效率，使其能均匀加热。先进的再流焊技术结合了热风对流与红外线辐射两者的优点，用波长稳定的红外线（波长约为 8 μm）发生器作为主要热源，利用热风对流的均衡加热特性以减少元器件与电路板之间的温度差别。

改进型的红外线热风再流焊是按一定热量比例和空间分布，同时混合红外线辐射和热风循环对流加热的方式，也称热风对流红外线辐射再流焊。在炉体内，热空气不停流动，均匀加热，有极高的热传递效率，并不依靠红外线直接辐射加温。这种方法的特点是各温区独立调节热量；减小热风对流；还可以在电路板下面采取制冷措施，从而保证加热温度均匀、稳定；电路板表面和元器件之间的温差小；温度曲线容易控制。红外热风再流焊设备的生产能力高，操作成本低。目前多数大批量 SMT 生产中的再流焊炉都是采用这种大容量循环强制对流加热的工作方式。

随着温度控制技术的进步，高档的红外线再流焊设备的温度隧道更多地细分了不同的温度区域。例如，把预热区细分为升温区、保温区和快速升温区等，7~10 个温区的再流焊设备国内已经能够见到。图 5-46 是红外线热风再流焊设备的实物。

2）简易红外线热风再流焊机

简易红外线热风再流焊机内部只有一个温区的小加热炉，能够焊接的电路板最大面积为 400 mm × 400 mm（小型设备的有效焊接面积会小一些）。炉内的加热器和风扇由计算机控制，电路板在炉内处于静止状态，连续经历预热、再流和冷却三个过程，完成焊接。这种简易设备的价格比隧道炉膛式红外线热风再流焊设备的价格低很多，适用于生产批量不大的小型企业。图 5-47 是简易的红外热风再流焊设备的实物图。

图5-46　红外线热风再流焊设备　　　图5-47　简易的红外线热风再流焊设备

3）充氮气的再流焊炉

为适用无铅环保工艺，一些高性能的再流焊设备带有加充氮气和快速冷却的装置。惰性气体可以减少焊接过程中的氧化，采用氮气保护的焊接工艺已有很长的时间，常用于加工要求较高的产品。采用氮气保护，可以使用活性较低的焊膏，这对于减少焊接残留物和免清洗是重要的；氮气可以加大焊料的表面张力，使企业选择超细间距器件的余地更大；在氮气环境中，电路板上的焊盘与线路的可焊性得到较好的保护，快速冷却可以使焊点表面光亮。采用氮气保护面临的主要问题是氮气的成本、管理与回收。所以，焊膏制造厂家也在研究改进焊膏的化学成分，以便再流焊工艺中不必再使用氮气保护。

4）通孔再流焊工艺

通孔再流焊（也称插入式或带引针式再流焊）工艺在一些生产线上也得到应用，它可以省去波峰焊工序，尤其在焊接 SMT 与 THT 混装的电路板时会用到它。这样做的好处是可以利用现有的再流焊设备来焊接通孔式的接插件。通孔式接插件比表面贴装式接插件焊点的机械强度往往更好。同时，在较大面积的电路板上，由于平整度问题，表面贴装式接插件的所有引脚都不容易焊接得很牢固。通孔再流焊在严格的工艺控制下，焊接质量能够得到保证。它存在的不足是焊膏用量大，随之造成助焊剂残留物增多；另外，有些通孔接插件的塑料结构难以承受再流焊的高温。

5）无铅再流焊工艺

在无铅焊接时代，使用无铅锡膏使再流焊的焊接温度提高、工艺窗口变窄，除了要求再流焊炉的技术性能进一步提高之外，还必须通过自动温度曲线预测工具结合实时温度管理系统，进行连续的工艺过程监测，精确控制通过再流焊炉的温度传导。

6.再流焊设备主要技术指标

（1）温度控制精度（指传感器灵敏度）：应该达到 ±0.1~0.2 ℃。温度均匀度：±1~2 ℃，炉膛内不同点的温差应该尽可能小。

（2）传输带横向温差：要求 ±5 ℃以下。温度曲线调整功能：电脑控制的温度曲线采集器，能够实现温度精确调整。

（3）最高加热温度：一般为 300~350 ℃，温度更高的无铅焊接或金属基板焊接，最高加热温度可达 350 ℃以上。

（4）加热区数量和长度：加热区数量越多、长度越长，越容易调整和控制温度曲线。一般中小批量铅锡焊接，可以选择 4~5 个温区，加热长度 1.8 m 左右的设备。无铅焊接设备的温区要多达 7~10 个温区，加热区长度在 2~3 m，甚至更长。

（5）焊接工作尺寸：根据传送带宽度确定，一般为 30~400 mm。

7.再流焊质量缺陷分析

再流焊的品质受诸多因素的影响，最重要的因素是再流焊炉的温度曲线及锡膏的成分参数。在排除了锡膏印刷工艺与贴片工艺的品质异常之后，再流焊工艺本身导致的品质异常的现象主要有桥连 / 桥接，焊料球，立碑，位置偏移和吸料 / 芯吸等。

（1）桥接。原因一是端接头（或焊盘或导线）之间的间隔不够大，再流焊时，搭接可能由于焊膏厚度过大或锡膏颗粒太大引起的；另一个原因是锡膏太稀，包括锡膏内金属或固体含量低、锡膏容易炸开；再就是再流焊温度峰值太高，也会对搭接有影响。

（2）焊料球。焊料球是最普通的缺陷形式，其原因可能是焊料合金被氧化或者焊料合金过小；由焊膏中溶剂的沸腾而引起的焊料飞溅的场合也会出现焊料球缺陷；还有一种原因是焊料有塌边缺陷，从而造成焊料球缺陷。

（3）立碑。片状元器件常出现立起的现象，又称之为吊桥、曼哈顿现象。立碑缺陷发生的根本原因是元器件两边的焊膏的印刷量不均匀，润湿力不平衡；二是焊盘设计与布局不合理，焊盘有一个与地线相连或有一侧焊盘面积过大。

（4）位置偏移。这种缺陷可以怀疑是焊料润湿不良等综合性原因。先观察发生错位部位的焊接状态；如果是润湿状态良好情况下的错位，可考虑能否利用焊料表面张力的自调整效果来加以纠正；如果是润湿不良所致，要先解决不良状况。焊接状况良好时发生的元件错位，一是可能在再流焊接之前，焊膏黏度不够或受其他外力影响发生错位；二是在再流焊接过程中，焊料润湿性良好且有足够的自调整效果，但发生错位，其原因可能是传送带上有震动等。

（5）芯吸现象。芯吸现象又称吸料现象或抽芯现象，是常见的焊接缺陷之一，多见于气相再流焊中。这种缺陷是焊料脱离焊盘沿引脚上行到引脚与芯片本体之间形成严重的虚焊现象。通常原因是引脚的导热率过大，升温迅速，以致焊料优先润湿引脚，焊料与引脚之间的

难点讲解
再流焊质量缺陷分析

润湿力远大于焊料与焊盘之间的润湿力，引脚的上翘更会加剧芯吸现象的发生。

表 5-4 给出了 SMT 再流焊常见的质量缺陷及解决方法。

表5-4　SMT再流焊常见的质量缺陷及解决方法

序号	缺陷	图片	原因	解决方法
1	移位		（1）贴片位置不对 （2）焊膏量不够或贴片的压力不够 （3）焊膏中焊剂含量太高，在焊接过程中焊剂流动导致元器件移位	（1）校正定位坐标 （2）加大焊膏量，增加贴片压力 （3）减少焊膏中焊剂的含量
2	冷焊		（1）加热温度不合适 （2）焊膏变质 （3）预热过度，时间过长或温度过高	（1）改造加热设施，调整再流焊温度曲线 （2）注意焊膏冷藏，弃掉焊膏表面变硬或干燥部分 （3）控制预热时间和温度
3	锡量不足		（1）焊膏不够 （2）焊盘和元器件焊接性能差 （3）再流焊时间短	（1）扩大漏印丝网和模板的孔径 （2）改用焊膏或重新浸渍元器件 （3）加长再流焊时间
4	锡量过多		（1）漏印丝冈或模板孔径过大 （2）焊膏黏度小	（1）扩大漏印丝网和模板孔径 （2）增加焊膏黏度
5	立碑		（1）贴片位置移位 （2）焊膏中的焊剂使元器件浮起 （3）印刷焊膏的厚度不够 （4）加热速度过快且不均匀 （5）焊盘设计不合理 （6）采用 Sn63/Pb37 焊膏 （7）元器件可焊性差	（1）调整印刷参数 （2）采用焊剂含量少的焊膏 （3）增加焊膏印刷厚度 （4）调整再流焊温度曲线 （5）严格按规范进行焊盘设计 （6）改用含 Ag 或 Bi 的焊膏 （7）选用可焊性好的焊膏
6	焊料球		（1）加热速度过快 （2）焊膏受潮吸收了水分 （3）焊膏被氧化 （4）PCB 焊盘污染 （5）元器件贴片压力过大 （6）焊膏过多	（1）调整再流焊温度曲线 （2）降低环境湿度 （3）采用新的焊膏，缩短预热时间 （4）换 PCB 或增加焊膏活性 （5）减小贴片压力 （6）减小模版孔径，降低刮刀压力

续表

序号	缺陷	图片	原因	解决方法
7	虚焊		（1）焊盘和元器件可焊性差 （2）印刷参数不正确 （3）再流焊温度和升温速度不当	（1）加强对PCB和元器件的检验 （2）减小焊膏黏度，检查刮刀压力及速度 （3）调整再流焊温度曲线
8	桥接		（1）焊膏塌落 （2）焊膏太多 （3）在焊盘上多次印刷 （4）加热速度过快	（1）增加焊膏金属含量或黏度、换焊膏 （2）减小丝网或模板孔径，降低刮刀压力 （3）改用其他印刷方法 （4）调整再焊温度曲线
9	不润湿		（1）焊盘、引脚可焊性差 （2）助焊剂活性不够 （3）焊接表面有油脂类污染物质 （4）焊盘、引脚发生了氧化	（1）严格控制元器件、PCB的来料质量，确保可焊性良好 （2）改进工艺条件
10	开路		（1）器件引脚共面性差 （2）个别焊盘或引脚氧化严重	（1）对细间距的QFP操作要特别小心，避免造成引脚变形，同时严格控制引脚的共面性 （2）严格控制物料的可焊性

素养养成

（1）在进行再流焊机的学习时，通过不按规范操作导致焊接质量问题的案例，能够注意按操作规程执行，养成遵守操作规范的职业习惯。

（2）在进行再流焊质量缺陷分析时，通过列举各种缺陷造成产品的质量问题，促使我们重视质量，要有质量意识、安全意识和环保意识。

拓展知识
表面贴装产品检测装置

 任务实现 //

1.任务分组

任务工作单

组号：_____ 姓名：_____ 学号：_____ 检索号：___5231-1___

班级		组号		指导教师	
组长		学号			
组员	序号	姓名		学号	
	1				
	2				
	3				
	4				
	5				
任务分工					

2.自主探学

任务工作单 1

组号：_____ 姓名：_____ 学号：_____ 检索号：___5232-1___

引导问题：

（1）什么叫再流焊？再流焊的工艺流程是什么？
_____

（2）再流焊炉的主要结构组成都有哪些部分？
_____

（3）再流焊的加热过程可以分成哪三个最基本的温度区域，主要有哪两种实现方法？
_____

（4）再流焊设备按加热方式分为哪些种类？
_____

（5）新一代再流焊设备及工艺有哪些？应用最广的是哪种？
_____

任务工作单 2

| 组号: | 姓名: | 学号: | 检索号: | 5232-2 |

引导问题:

（1）再流焊设备预热区和焊接区的温度设置多少比较合适？画出再流焊的理想焊接温度曲线。

_____

_____

（2）常见的再流焊质量缺陷有哪些？

_____

_____

（3）再流焊出现立碑现象的主要原因是什么？如何解决？

_____

_____

_____

（4）编制各种再流焊设备焊接 SMT 电路板的性能比较方案。

序号	再流焊设备	比较要素

3.合作研学

任务工作单

组号：_____ 姓名：_____ 学号：_____ 检索号：__5233-1__

引导问题：

（1）小组交流讨论，教师参与，形成各种再流焊设备焊接 SMT 电路板的性能比较方案。

序号	再流焊设备	比较要素

（2）记录自己存在的不足。

_____

4.展示赏学

任务工作单

组号：_____ 姓名：_____ 学号：_____ 检索号：__5234-1__

引导问题：

（1）每小组推荐一位小组长，汇报各种再流焊设备焊接 SMT 电路板的性能比较方案，借鉴每组经验，进一步优化方案。

序号	再流焊设备	比较要素

（2）检讨自己的不足。

_____

5.任务实施

任务工作单

组号：_____ 姓名：_____ 学号：_____ 检索号：____5235-1____

引导问题：

（1）按照各种再流焊设备焊接 SMT 电路板的性能比较方案，对各种再流焊设备焊接 SMT 电路板的性能进行比较，并记录比较过程。

案例详解
各种再流焊设备焊接 SMT
电路板的性能比较

再流焊设备	比较要素	备注

（2）对比分析各种再流焊设备焊接 SMT 电路板的性能比较表，并记录分析过程。

工艺要领	实际要领	是否有问题	原因分析

6.任务评价

（1）个人自评。

（2）小组内互评。

（3）小组间互评。

（4）教师评价。

评价反馈
子任务 5.2.3 评价表

模块

6

电子产品整机
成套组装工艺

任务6.1　电子产品整机的组装

子任务6.1.1　电子产品整机组装工艺认知

任务描述

　　电子产品整机组装是指将组成整机的各种电子元器件、组件、机电元件以及结构件，按照设计要求，在规定的位置上进行装配、连接，组成具有一定功能的完整的电子产品的过程。随着新材料、新器件的大量涌现，新的装配工艺技术也得到广泛的应用。在电子产品生产过程中，实现电气连接的工艺也呈现多样化，除了焊接外，压接、绕接、胶接等连接工艺在生产过程中也越来越受到重视，应用也越来越广泛。因此，对电子产品整机组装工艺的认知是装配质量得到保证的前提。

学习目标

知识目标

（1）掌握电子产品整机装配的电路板组装方式。

（2）掌握电子产品整机装配的连接方式。

能力目标

（1）能够叙述电子产品整机装配电路板组装工艺流程。

（2）能够编制整机装配中电路板组装的方案。

素养目标

（1）遵守电子产品装配安全操作规范。

（2）养成敬业、乐业的工作作风。

重点与难点

　　重点：电子产品整机装配电路板组装工艺流程。

　　难点：电子产品整机装配电路板组装。

 知识准备

1.电子产品整机装配基础

1）电路板组装

电子产品整机组装是以印制电路板为中心展开的，印制电路板的组装是电子产品整机组装的基础和关键，它直接影响电子产品整机的质量。印制电路板组装工艺是根据工艺设计文件和工艺规程的要求将电子元器件按一定方向和次序插装（或贴装）到印制电路板规定的位置上，并用紧固件或锡焊的方法将其固定的过程。

（1）印制电路板组装工艺流程。根据电子产品生产的性质、生产批量、设备条件等情况的不同，需采用不同的印制电路板组装工艺。常用的组装工艺有手工装配工艺和自动装配工艺。如图6-1、图6-2所示。

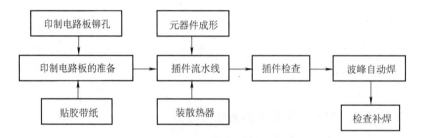

图6-1　手工装配工艺流程

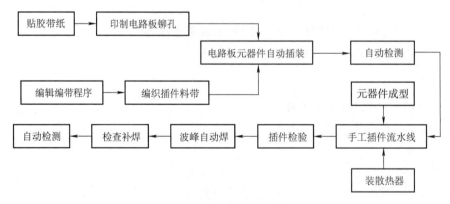

图6-2　自动装配工艺流程

（2）印制电路板组装的要求。印制电路板组装的质量好坏，直接影响到电子产品的电路性能和安全使用性能。因此，印制电路板组装过程中必须遵循以下要求。

①各个工艺环节必须严格实施工艺文件的规定，认真按照工艺指导卡操作。

②印制电路板应使用阻燃性材料，以满足安全使用性能要求。

③组装流水线各工序的设置要合理，防止某些工序组装件积压，确保均衡生产。

④印制电路板元器件的插装（或贴装）要正确，不能有错装、漏装现象。

⑤焊点应光滑，无拉尖、虚焊、假焊和桥连等不良现象，使组装的印制电路板的各种功能符合电路的性能指标要求。

⑥做好印制电路板组装元器件的准备工作：a. 元器件引线成型；b. 印制电路板铆孔；c. 装散热片；d. 印制电路板贴胶带纸。

2）印制电路板组装方式

常用的组装方式有手工装配方式和自动装配方式。

（1）手工装配方式。在产品的样机试制阶段或小批量试生产阶段，电路板装配主要靠手工操作，即操作者把散装的元器件逐一装接到印制电路板上。手工装配方式根据生产阶段和生产批量不同分为手工独立插装和流水线手工插装两种方式。

①手工独立插装。手工独立插装是操作者一人完成一块印制电路板上全部元器件的插装及焊接等工序的装配方式。其操作的顺序如下。

待装元器件→引线成型→插件→调整、固定位置→焊接→剪切引线→检验。

手工独立插装方式可以不受各种限制而广泛应用于各种场合，但速度慢，效率低，而且容易出差错，只适用于产品样机试制阶段和小批量试生产时，不满足大批量生产的需要。

②流水线手工插装。流水线手工插装是把印制电路板的整体装配分解成若干道简单的工序，每个操作者在规定的时间内，完成指定工作量的插装过程。

流水线手工插装的一般工艺流程如下。

每节拍元器件插入→全部元器件插入→一次性锡焊→一次性剪切引线→检验。

流水线手工插装适合大批量生产流水线装配。多数电子产品的生产大都采用印制电路板插件流水线的方式。插件分为自由节拍和强制节拍两种形式。

a. 自由节拍形式。它是操作者按规定进行人工插装完成后，将印制电路板放在流水线上传送到下一道工序，即由操作者控制流水线的节拍。每道工序插装元器件的时间限制不够严格，生产效率低。

b. 强制节拍形式。它是要求每个操作者必须在规定时间范围内把所要插装的元器件准确无误地插到印制电路板上，插件板在流水线上连续运行。

强制节拍形式带有一定的强制性，生产中以链带匀速传送的流水线就属于该种形式的流水线。一条流水线设置工序数的多少，由产品的复杂程度、生产量和工人技能水平等因素决定。在分配每道工序的工作量时，应留有适当的余量，以保证插件质量，每道工序插装大约为 10 ~ 15 个元器件。

手工装配方式的特点是设备简单，操作方便、灵活，但装配效率低，差错率高，不适用于现代化大批量生产的需要。

（2）自动装配方式。在产品设计已经定型，需大批量生产而元器件又无需选配时，宜采用自动装配方式。自动装配一般使用自动或半自动插件机、自动定位机等设备。

自动插装和手工插装的过程基本相同，都是将元器件逐一插入印制电路板。自动装配设备对元器件要求高，一般用于自动插装的元器件的外形和尺寸要求尽量简单一致、方向易于识别，并对元器件的供料形式有一定的限制。一块印制电路板大部分元器件是由自动插件机完成插装的，但在自动插装后对不能自动插装的元器件仍需手工插装。

①自动插装工艺。

a. 编辑编带程序。元器件自动插装前，首先要按照印制电路板上元器件自动插装路线模式，在编辑机上进行编带程序编辑。插装路线一般按"Z"字形走向，编带程序应反映元器件按此插装路线进行插件的顺序。

b. 编带机编排插件料带。在编带机上，将编带程序输入控制编带机的计算机，编带机根据计算机发出的指令运行，并把编带机料架上放置的不同规格的元器件自动编排成以插装路线为顺序的料带。

编带过程中若发生组件掉落或不符合程序要求时，编带机的计算机自动监测系统会自动停止编带，纠正错误后编带机再继续运行，保证编出的料带质量完全符合编带程序要求。组件料带的编排速度由计算机控制，编排速度每小时可达 25 000 个。电阻器料带如图 6-3 所示。

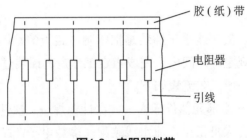

图6-3 电阻器料带

c. 自动插装过程。插件料带装在专用的传送带上，间歇地向前移动，每移动一次有一个元器件进到自动插装机装插头的夹具里，插装机自动完成切断引线、引线成型、移至基板、插入、弯角等动作，随后发出插装完毕的信号，回到原来位置，准备装配第二个元器件。印制电路板由计算机控制自动传送到另一个装配工位，插装机完成第二个元器件的插装。当所有元器件插装完毕，印制电路板由传送带自动传送到下一道工序。

自动插装过程中，印制电路板的传递、插装和检测等工序，都是由计算机按程序进行控制的。自动插装工艺过程如图 6-4 所示。

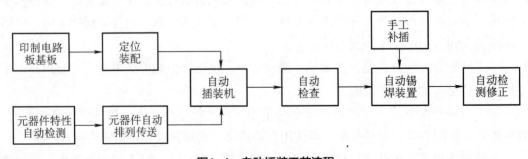

图6-4 自动插装工艺流程

②自动插装对元器件的工艺要求。

a.在进行自动插装时,最重要的是采用标准化元器件和尺寸。被插装的元器件的外形和尺寸尽量简单、一致。

b.元器件的方向应易于识别,有互换性。

难点讲解
电路板组装

c.被插装的元器件的最佳方向应能确定。在自动装配中,为了使机器达到最大的有效插装速度,就要有一个最好的元器件排列方向,即要求元器件的排列沿着 X 轴或 Y 轴取向,最佳设计要指定所有元器件只在一个轴上取向,至多排列在两个方向上。

d.对于非标准化的元器件,或不适合自动插装的元器件,仍需要手工进行补插。

2.电子产品整机组装方式

1)整机组装概念

整机组装是在各部件和组件安装检验合格的基础上进行整机装联,也称整机总装。整机装联包括机械装联和电气装联两部分。具体地说,整机装联就是将各零件、部件、整件(如各机电元件、印制电路板、底座、面板以及在它们上面的元器件),按照设计要求,安装在整机不同的位置上,在结构上组合成一个整体,再用导线、插拔件等将元器件、部件、整件进行电气连接,形成一个具有一定功能的整机。

2)整机连接方式

整机装配的连接方式按能否拆卸分为可拆卸连接和不可拆卸连接两类。可拆卸连接,即拆散时不会损坏任何零部件或材料,如螺接、销接、夹紧和卡扣连接等。不可拆卸连接,即拆散时会损坏零部件或材料,如铆接、胶接等。

整机连接的基本要求是牢固可靠,有足够的机械强度;不损伤元器件、零部件或材料;不碰伤面板、机壳表面的涂敷层;不破坏元器件和整机的绝缘性;安装件的方向、位置、极性正确;产品各项性能指标稳定。

除了焊接之外,电子整机装配过程中,还有压接、绕接、胶接和螺纹连接等连接方式。这些连接中,有的是可拆卸连接,有的是不可拆卸连接。

(1)压接。压接是使用专用工具,在常温下对导线和接线端子施加足够的压力,使导线和接线端子产生塑性变形,从而达到可靠电气连接的方法。

压接技术主要特点:①工艺简单,操作方便,无人员的限制;②连接点的接触面积较大,使用寿命长;③耐高温和低温,适应各种环境场合,且维修方便;④成本低,无污染,无公害;⑤缺点是压接点的接触电阻较大,电气损耗大以及因施力不同而造成质量不够稳定。

压接工具有手动压接工具、气动式压接工具和电动压接工具等。常用的手动压接工具是压接钳。手动压接如图 6-5 所示。

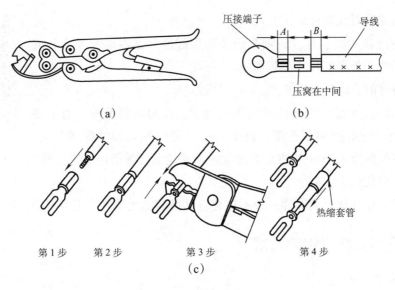

图6-5　手动压接示意

(a) 手动压接钳外形图；(b) 导线与压接端子压接；(c) 压接过程

（2）绕接。绕接是用绕接器将一定长度的单股芯线高速地绕到带棱角的接线柱上，形成牢固的电气连接的方法。绕接属于压力连接。绕接时导线以一定的压力同接线柱的棱边相互摩擦挤压，使两个金属接触面的氧化层被破坏，金属间的温度升高，从而使金属导线和接线柱之间紧密结合，形成连接的合金层。绕接点要求导线紧密排列，不得有重绕、断绕的现象，如图6-6所示。

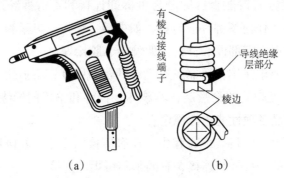

图6-6　绕接示意

(a) 绕接器；(b) 绕接点形状

绕接的特点：①接触电阻小，只有 $1\,m\Omega$；②抗震能力比锡焊强，可靠性高，工作寿命长；③不存在虚焊及焊剂腐蚀的问题，无污染；④绕接无需加温，因而不会产生热损伤；⑤操作简单，对操作者的技能要求低，易于熟练掌握，成本低；⑥缺点是对接线柱有特殊要求，且走线方向受到限制，多股线不能绕接，单股线剥头比较长，又容易折断。

（3）胶接。胶接是用胶黏剂将零部件粘在一起的连接方法，属于不可拆卸连接方式。胶接的优点是工艺简单，不需用专用的工艺设备，生产效率高，成本低。在电子产品的装联中，广泛用于小型元器件的固定和不便于铆接、螺纹连接的零件的装配以及防止螺纹松动和有气密性要求的场合。

胶接质量的好坏，主要取决于胶黏剂的性能。常用的胶黏剂性能特点和用途如下。

①聚丙烯酸酯胶（501、502 胶）：渗透性好，粘接快，可粘接除了某些合成橡胶以外的几乎所有的材料。但它有接头韧性差、不耐热等缺点。

②聚氯乙烯胶：用四氢呋喃作溶剂和聚氯乙烯材料配置而成的有毒、易燃的胶黏剂，用于塑料与金属、塑料与木材和塑料与塑料的胶接。它的特点是固化快，不需加压、加热。

③ 222 厌氧性密封胶：以甲基丙烯酯为主的胶黏剂，低强度胶，用于需拆卸零部件的锁紧和密封。它的特点是渗透性好，定位固连速度快，有一定的胶接力和密封性，拆除后不影响胶接件原有的性能。

④环氧树脂胶（911、913 胶）：以环氧树脂为主，加入填充剂配置而成的胶黏剂。它的特点是粘接范围广，具有耐热、耐碱、耐潮和耐冲击等优良性能。

（4）螺纹连接。螺纹连接是指用螺栓、螺钉、螺母等紧固件，把电子设备中的各种零、部件或元器件连接起来的工艺技术。

螺纹连接的优点是连接可靠，装拆、调节方便，缺点是在振动或冲击严重的情况下，螺纹容易松动，应力集中，在安装薄板或易损件时容易产生形变或压裂。

螺纹连接的工具有普通旋具（不同型号、不同大小的螺丝刀）、力矩旋具、固定扳手、活动扳手、力矩扳手和套管扳手等。企业生产中，尤其是大批量工业生产中均使用电动或气动紧固工具，以保证每个螺钉都以最佳力矩紧固。

①常用紧固件的类型。电子装配中常用的各种紧固件如图 6-7 所示。

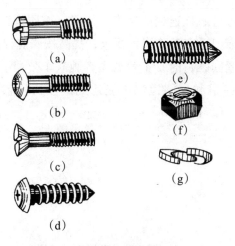

(a)

(b)

(c)

(d)

(e)

(f)

(g)

图6-7 部分常用紧固件示意

（a）一字槽圆柱螺钉；（b）十字槽平圆头螺钉；（c）一字槽沉头螺钉；（d）十字槽平圆头自攻螺钉；

（e）锥端紧定螺钉；（f）六角螺母；（g）弹簧垫圈

②螺纹连接方式。

a. 螺栓连接：用于连接两个或两个以上的被接插件。这种方式需要螺栓与螺母配合使用，才能起到连接作用。被连接件不需要有内螺纹。

b. 螺钉连接：这种连接方式必须先在被接插件之一上制出螺纹孔，然后从没有螺纹孔的一端插入进行连接。它一般用于无法放置螺母的场合。

c. 双头螺栓连接：将螺栓插入被连接体，用螺母固定。这种连接方式主要用于厚板零部件的连接，或用于需要经常拆卸、螺纹孔易损坏的连接场合。

d. 紧定螺钉连接：螺钉通过第一个零件的螺纹孔后，顶紧已调好部位的另一个零件，以固定两个零件的相对位置。这种连接方式主要用于各种旋钮和轴柄的固定。

③螺钉的紧固顺序。紧固（拆卸）顺序应遵循的原则：交叉对称，分步拧紧（拆卸）。如图6-8所示。

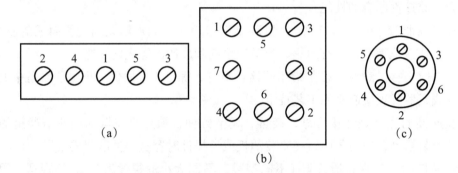

图6-8 紧固（拆卸）螺钉顺序示意

（a）一字排列5钉；（b）四边排列8钉；（c）圆形排列6钉

素养养成

（1）在进行螺栓连接的螺钉紧固时，按照螺钉紧固顺序应遵循的原则来操作，谨记遵守工艺规程要求，提高按照规程操作的职业素养。

（2）在紧固螺钉时，了解德国奔驰汽车公司上螺丝的技术要求，懂得上螺丝多一道和少一道都不能达到最佳的状态，养成一丝不苟的敬业、乐业的工作习惯。

 任务实现 ///

1.任务分组

任务工作单

组号：_____ 姓名：_____ 学号：_____ 检索号：____ 6111-1

班级		组号		指导教师	
组长		学号			
组员	序号		姓名		学号
	1				
	2				
	3				
	4				
	5				
任务分工					

2.自主探学

任务工作单 1

组号：_____ 姓名：_____ 学号：_____ 检索号：____ 6112-1

引导问题：

（1）整机装配中电路板组装手工装配工艺流程是什么？
_____

（2）整机装配中电路板组装自动装配流程是什么？
_____

（3）手工装配方式根据生产阶段和生产批量不同分为哪两种方式？其工艺流程是什么？
_____

（4）自动插装对元器件的工艺要求有哪些？
_____

（5）除了焊接外，电子整机装配过程中还有哪些连接方式？
_____

任务工作单 2

组号：_____ 姓名：_____ 学号：_____ 检索号：___6112-2___

引导问题：

（1）什么是整机组装？

_____

_____

（2）叙述自动插装过程。

_____

_____

（3）螺钉紧固（拆卸）顺序应遵循的原则是什么？

_____

_____

_____

（4）编制数字万用表电路板装配的实施方案。

序号	操作要素	操作要领

3.合作研学

任务工作单

组号：＿＿＿＿＿＿　姓名：＿＿＿＿＿＿　学号：＿＿＿＿＿＿　检索号：　6113-1＿＿＿＿

引导问题：

（1）小组交流讨论，教师参与，形成正确的数字万用表电路板装配的实施方案。

序号	操作要素	操作要领

（2）记录自己存在的不足。

＿＿＿＿＿＿＿＿＿＿＿＿＿＿＿＿＿＿＿＿＿＿＿＿＿＿＿＿＿＿＿＿＿＿＿＿＿＿

4.展示赏学

任务工作单

组号：＿＿＿＿＿＿　姓名：＿＿＿＿＿＿　学号：＿＿＿＿＿＿　检索号：　6114-1＿＿＿＿

引导问题：

（1）每小组推荐一位小组长，汇报数字万用表电路板装配的实施方案，借鉴每组经验，进一步优化方案。

序号	操作要素	操作要领

（2）检讨自己的不足。

＿＿＿＿＿＿＿＿＿＿＿＿＿＿＿＿＿＿＿＿＿＿＿＿＿＿＿＿＿＿＿＿＿＿＿＿＿＿

5.任务实施

任务工作单

组号：_____ 姓名：_____ 学号：_____ 检索号：____6115-1____

情境再现
数字万用表电路板装配

引导问题：

（1）按照数字万用表电路板装配的实施方案，对数字万用表电路板进行装配，并记录实施过程。

操作要素	操作要领	备注

（2）对比分析数字万用表电路板装配的实施方案，并记录分析过程。

操作要领	实际操作	是否有问题	原因分析

6.任务评价

（1）个人自评。

（2）小组内互评。

（3）小组间互评。

（4）教师评价。

评价反馈
子任务 6.1.1 评价表

子任务6.1.2　电子产品整机组装过程

任务描述 //

　　电子产品整机组装是生产过程中极为重要的环节，若组装工艺、工序不合理，就可能达不到产品的功能要求或预定的技术指标。本任务目的是了解电子产品整机组装过程并掌握相关知识，然后对数字万用表进行整机装配。

学习目标 //

　　知识目标
　　（1）掌握电子产品整机装配基本要求和工艺流程。
　　（2）掌握电子产品整机装配工艺原则，明确总装的顺序。

　　能力目标
　　（1）能依照装配工艺文件要求进行电子产品整机的正确装配。
　　（2）能够进行整机各部件的组装。

　　素养目标
　　（1）具备按照规范操作的职业素养。
　　（2）具有精益求精的工匠精神。

重点与难点 //

　　重点：电子产品整机装配基本要求和工艺流程。
　　难点：电子产品整机装配工艺流程。

知识准备 //

1.电子产品整机组装工艺过程

　　电子产品整机组装包括电气装配和结构安装两部分。整机组装的过程应根据产品的性能、用途和总装数量决定。工业化生产条件下，产品数量较大的总装过程是在流水线上进行的，这样可以取得高效低耗、一致性好的结果。因设备的种类、规模不同，总装过程的构成也有所不同，但基本过程大同小异。

　　电子产品的整机组装工艺过程一般包括零部件的配套准备 → 整机装联 → 整机调试 → 整机检验 → 包装 → 入库或出厂。整机装配一般工艺过程如图 6-9 所示。

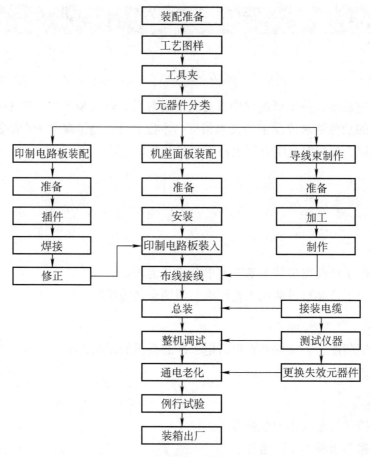

图6-9 整机组装一般工艺过程

（1）零部件的配套准备。在总装之前，应对装配过程中所有装配件（包括单元电路板）和紧固件等从配套数量和质量两个方面进行检查和准备，并准备好整机装配与调试中的各种工艺文件、技术文件，以及装配所需的仪器设备。

（2）整机装联。整机装联是将单元功能电路板及其他零部件，通过各种连接工艺，安装在规定的位置上。在整机装联过程中，注意各工序的检查，分段把好装配质量关，提高整机生产的一次合格率。

（3）整机调试。整机调试包括调整和测试两部分工作。各类电子整机在装配完成后，都要进行电路性能指标的初步调试，调试合格后再用面板、机壳等部件进行合拢总装。

（4）整机检验。整机检验应按照产品的技术文件要求进行，检验整机的各种电气性能、机械性能和外观等。检验方式通常有装配人员对总装的各种零部件进行自检、生产车间的工人进行工序间的互检和专职检验员按比例对电子产品进行抽样综合检验等方式。全部产品检验合格后，电子整机产品才能进行包装和入库。

（5）包装。包装是电子整机产品总装过程中，对产品起保护和美化及促进销售的环节。电子总装产品的包装，通常着重于方便运输和储存两个方面。

（6）入库或出厂。合格的电子整机产品经过合格的包装，就可以入库储存或直接运输出厂到订购部门，完成整个总装过程。

2.整机装配的工艺要求

整机装配要求安装牢固可靠，不损伤元件，避免碰坏机箱及元器件的涂敷层，不破坏元器件的绝缘性能，安装件的方向、位置要正确。

难点讲解
电子产品整机组装

1）产品外观方面的要求

电子产品外观质量是产品给人的第一印象。能否保证整机装配中有良好的外观质量，是电子产品制造企业最关心的问题。每个企业都会在工艺文件中提出各种要求来确保外观良好。虽然各个企业产品不同，为保证外观良好采取的措施也不同，但产品外观方面的要求主要是从以下几个方面考虑的。

（1）存放壳体等注塑件时，要用软布罩住，防止灰尘等污染。

（2）搬运壳体或面板时要轻拿轻放，防止意外碰伤，且最好单层叠放。

（3）用工作台及流水线传送带传送时，要敷设软垫或塑料泡沫垫，供摆放注塑件用。

（4）装配时，操作人员要戴手套，防止壳体等注塑件沾染油污、汗渍。操作人员使用和放置电烙铁时要小心，不能烫伤面板、外壳。

（5）用螺钉固定部件或面板时，力矩大小选择要适合，防止壳体或面板开裂。

（6）使用黏合剂时，用量要适当，防止量多溢出，若黏合剂污染了外壳要及时用清洁剂擦净。

2）安装方法方面的要求

装配过程是综合运用各种装联工艺的过程。制定安装方法时还应遵循整机安装的基本原则。同时要注意前后工序的衔接，使操作者感到方便，节约工时。具体的安装方法有如下要求。

（1）装配人员应按照工艺指导卡进行操作，操作应谨慎，以提高装配质量。

（2）安装过程中应尽可能采用标准化的零部件，使用的元器件和零部件规格型号应符合设计要求。

（3）注意适时调整每个工位的工作量，均衡生产，保证产品的产量和质量。若因人员状况变化及产品机型变更导致工位布局不合理，应及时调整工位人数或工作量，使流水作业畅通。

（4）应根据产品结构、采用元器件和零部件的变化情况，及时调整安装工艺。

（5）在装配过程中，若质量反馈表明装配过程中存在质量问题，应及时调整工艺方法。

3）结构工艺性方面的要求

结构工艺性通常是指用紧固件和黏合剂将产品零部件按设计要求装在规定的位置上。电子产品装配的结构工艺性直接影响各项技术指标能否实现。结构是否合理，还影响整机内部的整齐美观性，影响生产率的提高。结构工艺性方面的要求如下。

（1）要合理使用紧固零件，保证装配精度，必要时应有可调节环节，保证安装方便和连接可靠。

（2）机械结构装配后不能影响设备的调整与维修。

（3）线束的固定和安装要有利于组织生产，应整齐美观。

（4）根据要求提高产品结构件本身耐冲击、抗振动的能力。

（5）应保证线路连接的可靠性，操纵机构精确、灵活，操作手感好。

3.整机总装

总装是把半成品装配成合格产品的过程，是电子产品生产过程中一个极其重要的环节。

1）整机总装的顺序

电子整机总装的顺序一般遵循的工艺原则是先轻后重、先小后大，先铆后装、先装后焊，先里后外、先下后上、先平后高，易碎易损件后装，以及上道工序不得影响下道工序的安装。

2）总装的基本要求

（1）总装的有关零部件或组件必须经过调试、检验，检验合格的装配件必须保持清洁。

（2）总装过程要应用合理的安装工艺，用经济、高效和先进的装配技术，使产品符合图纸和工艺文件的要求。

（3）严格遵守总装的顺序要求，注意前后工序的衔接，使操作者感到方便、省力和省时。

（4）总装过程中不损伤元器件和零部件，不破坏整机的绝缘性，保证产品的导电性能稳定及产品拥有足够的机械强度和稳定度。

（5）总装中每一个阶段都应严格执行自检、互检与专职检验的"三检"原则。

3）整机总装的流水线作业法

总装过程要根据整机的结构情况、生产规模和工艺装备等，采用合理的总装工艺，使产品在功能、技术指标等方面满足设计要求。整机总装是在装配车间（亦称总装车间）完成的。对于批量生产的电子整机，目前大都采用流水作业的方式装配（又称流水线生产方式）。

（1）流水作业法的过程。流水作业是指把电子整机的装联、调试等工作划分成若干简单操作项目，每位操作者完成各自负责的操作项目，并按规定顺序把机件传输到下一道工序，形似流水般不停地自首至尾逐步完成整机总装的生产作业法。

（2）流水作业法的特点。在流水线上，每位操作者都必须在规定的时间内完成指定的操作内容，所操作的时间称为流水节拍，它是工艺技术人员根据该产品每天在生产流水线上的产量与工作时间的比例来制定每一个工位操作任务的依据。

4.电子产品整机质检

产品的质量检查，是保证产品质量的重要手段。电子整机总装完成后，按配套的工艺和技术文件的要求对其进行质量检查。

检验工作应始终坚持自检、互检、专职检验的"三检"原则。先自检，再互检，最后由专职检验人员检验。

整机质量的检查包括外观检查、装联的正确性检查、安全性检查和型式试验等几个方面。

1）外观检查

装配好的整机，应该有可靠的总体结构和牢固的机箱外壳；整机表面无损伤，涂层无划痕、脱落；金属结构无开裂、脱焊现象；导线无损伤、元器件安装牢固且符合产品设计文件的规定；整机的活动部分应活动自如；机内无多余物。

2）装联的正确性检查（电路检查）

装联的正确性检查主要是指对整机电气性能方面的检查。检查各装配件（印制电路板、电气连接线）是否安装正确，是否符合电路原理图和接线图的要求，导电性能是否良好等。通常用万用表欧姆挡对各检查点进行检查。批量生产时，可根据预先编好的电路检查程序表，对照电路图进行检查。

3）安全性检查

电子产品的安全性检查有主要两个方面，即绝缘电阻和绝缘强度。

（1）绝缘电阻的检查。整机的绝缘电阻是指电路的导电部分与整机外壳之间的电阻值。在相对湿度不大于80%、温度为25 ℃±5 ℃的条件下，绝缘电阻应不小于10 MΩ；在相对湿度为25%±5%、温度为25 ℃±5 ℃的条件下，绝缘电阻应不小于2 MΩ。一般使用万用表的兆欧挡测量整机的绝缘电阻。

（2）绝缘强度的检查。整机的绝缘强度是指电路的导电部分与外壳之间所能承受的外加电压的大小。一般要求电子设备的耐压值应大于电子设备最高工作电压的两倍以上。

4）型式试验

它是对产品的全面考核，包括产品的性能指标、对环境条件的适应度和工作的稳定性的等。试验项目有高低温、高湿度循环使用试验、存放试验、振动试验、跌落试验和运输试验等，对产品有一定的破坏性，一般在新产品试制定型，或客户认为有必要时进行试验。

视频链接
电子产品整机质检

视频链接
电子产品包装工艺

素养养成

（1）在任务实施过程中，按照工艺设计的要求规范操作，养成遵守规范的职业习惯。

（2）在进行液晶屏安装时，注意这是一个精细的活，一定要安装准确，可反复对准，具备精益求精的工匠精神。

 任务实现 //

1.任务分组

任务工作单

组号：_____　　姓名：_____　　学号：_____　　检索号：_____ 6121-1

班级		组号		指导教师	
组长		学号			
组员	序号	姓名		学号	
	1				
	2				
	3				
	4				
	5				
任务分工					

2.自主探学

任务工作单 1

组号：_____　　姓名：_____　　学号：_____　　检索号：_____ 6122-1

引导问题：

（1）电子产品的整机组装工艺过程一般包括哪几个步骤？
_____

（2）整机装配的工艺要求包括哪三方面的要求？
_____

（3）电子整机总装的顺序一般遵循的工艺原则是什么？
_____

（4）总装的基本要求有哪些？
_____

（5）电子产品整机质检包括哪几个方面的检查？
_____

任务工作单 2

组号：＿＿＿＿＿　姓名：＿＿＿＿＿　学号：＿＿＿＿＿　检索号：＿＿＿＿ 6122–2

引导问题：

（1）整机组装中零部件的配套准备都准备什么？

＿＿＿＿＿＿＿＿＿＿＿＿＿＿＿＿＿＿＿＿＿＿＿＿＿＿＿＿＿＿＿＿＿

＿＿＿＿＿＿＿＿＿＿＿＿＿＿＿＿＿＿＿＿＿＿＿＿＿＿＿＿＿＿＿＿＿

（2）流水作业法的过程是怎样的？

＿＿＿＿＿＿＿＿＿＿＿＿＿＿＿＿＿＿＿＿＿＿＿＿＿＿＿＿＿＿＿＿＿

＿＿＿＿＿＿＿＿＿＿＿＿＿＿＿＿＿＿＿＿＿＿＿＿＿＿＿＿＿＿＿＿＿

（3）总装中每一个阶段都应严格执行哪"三检"原则？

＿＿＿＿＿＿＿＿＿＿＿＿＿＿＿＿＿＿＿＿＿＿＿＿＿＿＿＿＿＿＿＿＿

＿＿＿＿＿＿＿＿＿＿＿＿＿＿＿＿＿＿＿＿＿＿＿＿＿＿＿＿＿＿＿＿＿

＿＿＿＿＿＿＿＿＿＿＿＿＿＿＿＿＿＿＿＿＿＿＿＿＿＿＿＿＿＿＿＿＿

（4）编制数字万用表整机装配实施方案。

序号	操作要素	操作要领

3.合作研学

任务工作单

组号：＿＿＿＿＿＿＿＿＿ 姓名：＿＿＿＿＿＿＿＿＿ 学号：＿＿＿＿＿＿＿＿＿ 检索号：＿＿＿6123-1

引导问题：

（1）小组交流讨论，教师参与，形成正确的数字万用表整机装配实施方案。

序号	操作要素	操作要领

（2）记录自己存在的不足。

＿＿

4.展示赏学

任务工作单

组号：＿＿＿＿＿＿＿＿＿ 姓名：＿＿＿＿＿＿＿＿＿ 学号：＿＿＿＿＿＿＿＿＿ 检索号：＿＿＿6124-1

引导问题：

（1）每小组推荐一位小组长，汇报数字万用表整机装配实施方案，借鉴每组经验，进一步优化方案。

序号	操作要素	操作要领

（2）检讨自己的不足。

＿＿

5.任务实施

任务工作单

组号：_____ 姓名：_____ 学号：_____ 检索号：____6125-1____

引导问题：

（1）按照数字万用表整机装配实施方案，对数字万用表进行整机装配，并记录实施过程。

情境再现
数字万用表整机装配

操作要素	操作要领	备注

（2）对比分析数字万用表整机装配实施步骤，并记录分析过程。

操作要领	实际操作	是否有问题	原因分析

6.任务评价

（1）个人自评。

（2）小组内互评。

（3）小组间互评。

（4）教师评价。

评价反馈
子任务 6.1.2 评价表

● 子任务6.1.3 电子产品整机调试与检验

任务描述

电子产品装配完成之后，必须通过调试才能达到规定的技术要求。调试既是保证并实现电子设备功能和质量的重要工序，也是发现电子设备的设计、工艺缺陷和不足的重要环节。本任务目的是通过调幅收音机的调试、检验实施过程，了解电子产品的生产调试过程，学习调试电子产品的方法，掌握电子产品调试的基本理论知识，能够进行电子产品的调试。

学习目标

知识目标
（1）了解电子产品调试的内容。
（2）掌握整机调试的技巧和方法。

能力目标
（1）能对电子产品进行静态和动态调试。
（2）能对电子产品整机进行调试和检验。

素养目标
（1）具有精益求精的工匠精神。
（2）提高敢于担当的责任意识。

重点与难点

重点：整机检验的工艺要求。
难点：电子产品调试设备与内容。

知识准备

1.电子产品整机调试

1）整机调试的内容

调试工作包括调整和测试两个部分。调整主要是指对电路参数的调整，即对整机内可调元器件及与电气指标有关的调谐系统和机械传动部分进行调整，使之达到预定性能要求。测试是在调整的基础上，对整机的各项技术指标进行系统地测试，使电子产品各项技术指标符合规定的要求。调整与测试是相互依赖、相互补充的，在实际工作中，两者是一项工作的两个方面，测试、调整、再测试、再调整，直到实现电路的设计指标为止。具体来说，调试工作的内容有以下几点。

（1）明确电子产品调试的目的和要求。

（2）正确合理地选择和使用测试仪器、仪表。

（3）按照调试工艺对电子产品进行调整和测试。

（4）运用电路和元器件的基础理论知识去分析和排除调试中出现的故障。

（5）对调试数据进行分析和处理。

（6）编写调试工作报告，提出改进意见。

调试是对装配技术的总检查，装配质量越高，调试的直通率就越高，各种装配缺陷和错误都会在调试中暴露。调试又是对设计工作的检验，凡是在设计时考虑不周或存在工艺缺陷的地方，都可以通过调试来发现，并为改进和完善产品质量提供依据。

简单的小型整机，比如我们后续要调试的半导体收音机，调试工作比较简便，一般在装配完成之后，可直接进行整机调试。而复杂的整机，调试工作较为繁重，通常先对单元板或分机进行调试，它们达到要求后，再进行总装，最后进行整机总调。

调试工作一般在装配车间进行，要严格按照调试工艺文件进行调试。比较复杂的大型产品，根据设计要求，可在生产厂进行部分调试工作或粗调，然后在安装场地或试验基地，按照技术的要求进行最后总装及全面调试工作。

2）整机调试的步骤

由于电子产品种类繁多、电路复杂，各种设备单元电路的种类及数量也不同，所以调试程序也不尽相同。但对于一般电子产品来说，调试步骤大致如下。

（1）通电前的检查工作。对照原理图对装接好的整机再次进行检查，检查插件是否正确，焊接是否虚焊和短路，各仪器连接及工作状态是否正确。首次调试时，还要检查各仪器能否正常工作，验证其精确度。

（2）通电检查。先置电源开关于"关"位置，检查电源变换开关是否符合要求（是交流 220 V 还是 110 V）、熔丝是否装入和输入电压是否正确，然后再插上电源开关插头，打开电源开关。接通电源后，电源指示灯亮，此时应注意有无放电、打火、冒烟现象，有无异常气味，手摸电源变压器有无过热现象。若有这些异常现象，应立即停电检查，直到排除故障后方能重新通电。另外，还应检查各种保险、开关、控制系统是否起作用，各种冷却系统能否正常工作。

（3）电源调试。调试工作首先要进行电源部分的调试，才能顺利进行其他项目的调试。电源调试通常分为以下两个步骤。

①电源空载初调。电源电路的调试通常是在空载状态下进行的，即切断该电源的一切负载进行初调。其目的是避免因电源电路未经调试而加载，引起部分电子元器件的损坏。

调试时，插上电源部分的印制电路板，测量有无稳定的直流电压输出，其值是否符合设计要求或调节取样电位器使其达到预定的设计值。测量电源各级的直流工作点和电压波形，检查工作状态是否正常，有无自激振荡等。

②电源加载时的细调。在初调正常的情况下，加额定负载，再测量电源电路各项性能指标，观察其是否符合额定的设计要求。当电源电路达到要求的最佳值时，选定有关调试元器件，锁定有关电位器等调整元器件，使电源电路具有加载时所需的最佳功能状态。

有时为了确保负载电路的安全，在加载调试之前，先在等效负载下对电源电路进行调试，以防负载电路受到冲击。

（4）分级、分板调试。电源电路调好后，可进行其他电路的调试。根据调试的需要和方便，由前到后或由后到前依次插入各部件或印制电路板，分别进行调试。首先检查和调整静态工作点，然后进行各参数的调整，直到各部分电路均符合技术文件规定的各项技术指标为止。注意在调整高频部件时，为了防止工业干扰和强电磁场的干扰，调整工作最好在屏蔽室内进行。

（5）整机调整。各部件调整好之后，把所有的部件及印制电路板全部插上，进行整机调整。检查各部分连接是否改好，以及机械结构对电气性能的影响等。整机电路调整好之后，测试整机总的消耗电流和功率。

（6）整机性能指标的测试。经过调整和测试，确定并紧固各调整元件。在对整机装调质量进一步检查后，对设备进行全参数测试，各项参数的测试结果均应符合技术文件规定的各项技术指标。

（7）环境试验。有些电子产品在调试完成之后，需要进行环境试验，以考验其在相应环境下正常工作的能力。环境试验有温度、湿度、气压、振动、冲击和其他环境试验，应严格按技术文件规定执行。

难点讲解
电子产品调试设备与内容

（8）整机通电老化。大多数的电子产品在测试完成之后，均进行整机通电老化试验，其目的是提高电子产品工作的可靠性。老化试验应按产品技术文件的规定进行。

（9）参数复调。经整机通电老化试验后，各项技术性能指标会有一定程度的变化，通常还需要进行参数复调，通电以便交付使用的产品具有最佳的技术状态。

3）整机调试的方法

（1）通电观察。

把经过准确测量的电源接入电路，先观察有无异常现象，比如有无冒烟，是否有异常气味，手摸元器件是否发烫，电源是否有短路现象等。如果出现异常，应立即切断电源，待故障排除后才能再通电。然后再测量各路总电源电压和各元器件引脚的电源电压，以保证元器件正常工作。通过通电观察，判定电路初步工作正常后，就可转入正常调试。

（2）静态与动态调试。

交流、直流并存是电子电路工作的一个重要特点。一般情况下，直流为交流服务，直流是电路工作的基础。因此，电子电路的调试有静态调试和动态调试之分。

①静态调试。

静态调试一般是指在没有外加信号的条件下所进行的直流测试和调整过程。首先是各级直流工作状态（静态）的调整，测量各级直流工作点是否符合设计要求。检查静态工作点也是分析判断电路故障的一种常用方法。通过静态测试模拟电路的静态工作点、数字电路的各输入端和输出端的高、低电平值及逻辑关系等，可以及时发现已经损坏的元器件，判断电路工作情况，并及时调整电路参数，使电路工作状态符合设计要求。

测量静态工作点就是测量各级直流工作电压和电流。一般静态工作点的测量，都是测量直流电压。若需知道直流电流的大小，可根据阻值的大小计算出来。也有些电路会根据测试需要，在印制电路板上留有测试用的中断点，待接入电流表测量出电流数值后，再用焊锡连接好。

②动态调试。

视频链接
电子产品静态调试

动态调试是在静态调试的基础上进行的。动态调试是保证电路各项参数、性能和指标的重要步骤。动态调试的方法是在电路的输入端接入适当频率和幅值的信号，并循着信号的流向逐级检测各相关点的波形、参数和性能指标。动态调试的关键是要善于对实测的数据、波形和现象进行分析和判断。这需要具备一定的理论知识和调试经验。发现电路中存在的问题和异常现象，应采取不同的方法缩小故障范围，最后设法排除故障。因为电子电路的各项指标互相影响，在调试某一项指标时往往会影响另一项指标。实际情况错综复杂，出现的问题多种多样，处理问题的方法也是灵活多变的。

测试电路动态工作电压。测试晶体管 b、e、c 极和集成电路各引脚对地的动态工作电压。波形的测试与调整是电子产品调试工作的一项重要内容。通过对波形的观测来判断电路工作是否正常，已成为测试与维修中的主要方法。频率特性的测试是整机测试中的一项主要内容，如收音机中频放大器频率特性测试的结果反映收音机选择性的好坏。电视机接收图像质量的好坏主要取决于高频调谐器及中频放大器通道频率特性。

视频链接
电子产品动态调试

2.电子产品整机质检

质量检验是生产过程中必要的工序，是保证产品质量的必要手段。质量检验极其重要，它伴随产品生产的整个过程。检验工作应执行三级检验制：自检、互检、专职检验。一般讲的检验是指专职检验，即由企业质量部门的专职人员，对产品所需的一切原材料、元器件、零部件、整机等进行观测、比较和判断。

1）电子产品整机质检的项目

（1）整机外观检查。

整机外观检查主要检查外观部件是否完整，拨动是否灵活。以收音机为例，外观检查要检查天线、电池夹子、波段开关和刻度盘等项目。

（2）整机的内部结构检查。

内部结构检查主要检查内部结构装配的牢固性和可靠性。例如，电视机电路板与机座安装是否牢固；各部件之间的接插线与插座有无虚接；尾板与显像管是否插牢。

（3）整机的功耗测试。

整机功耗是电子产品设计的一项重要技术指标。测试时常用调压器对整机供电，即用调压器将交流电压调到220 V，测试整机正常工作的交流电流，用交流电流值乘以220 V得到该整机的功率损耗。

2）电子产品整机专职检验工艺

视频链接
电子产品的检验工艺

电子产品经过总装、调试合格后，利用一定的手段测定出产品的质量特征，然后做出产品是否达到预定的功能要求和技术指标的判定。

（1）电子产品专职检验的方法。

整机产品专职检验分为全数检验和抽样检验。

①全数检验，简称全检，是对产品进行逐个检验。全检后的产品可靠性高，但全检消耗的人力、物力大，造成生产成本的增加。因此，一般的电子产品不需要进行全数检验，只对可靠性要求特别高的产品（如军工、航天产品等）、试制品及在生产条件、生产工艺改变后生产的部分产品进行全数检验。

②抽样检验，简称抽检，是根据数理统计的原则所预先制定的抽样方案，从待检验产品中抽取检验。根据部分样品的检验结果，按照抽样方案确定的判断规则，判定整批产品的质量水平，从而得出该产品是否合格的结论。在电子产品的批量生产过程中，不可能也没有必要对生产出的产品都采用全数检验，故抽样检验是目前生产中广泛采用的一种检验方法。抽样检验应在产品成熟、定型、工艺规范、设备稳定和工装可靠的前提下进行。

（2）电子产品专职检验的内容。

产品经过总装、调试合格之后，检查产品是否达到预定功能和技术指标。整机专职检验内容主要包括直观检验、功能检验和主要性能指标测试等。

①直观检验：产品是否整洁；板面、机壳表面的涂覆层及装饰件、标志和铭牌等是否齐全，有无损伤；产品的各种连接装置是否完好；各金属件有无锈斑；结构件有无变形、断裂；表面丝印、字迹是否完整、清晰；量程是否符合要求；转动机构是否灵活；控制开关是否操作正常、到位等。

②功能检验，是对产品设计所要求的各项功能进行检查。不同的产品有不同的检验内容和要求。例如，对电视机应检验节目选择、图像质量、亮度、颜色和伴音等功能。

③主要性能指标测试，是指通过使用符合规定精度的仪器和设备，测试产品的技术指标，判断产品是否达到国家或行业技术标准。现行国家标准规定了各种电子产品的基本参数及测量方法，检验中一般只对安全性能、通用性能和使用性能等主要性能指标进行测试。

（3）电子产品专职例行试验。

例行试验是为了全面了解产品的特殊性能，是对定型产品或长期生产的产品所进行的试验。为了能如实反映产品质量，达到例行试验的目的，试验的样品机应在检验合格的整机中随机抽取。例行试验包括环境试验和寿命试验。

①环境试验。环境试验是一种检验产品适应环境能力的方法，是评价、分析环境对产品性能影响的试验，通常在模拟产品可能遇到的各种自然条件下进行。环境试验的项目是从实际环境中抽象、概括出来的。因此，它可以是模拟一种环境因素的单一试验，也可以是同时模拟多种环境因素的综合试验。环境试验的内容包括机械试验、气候试验、运输试验和特殊试验。

a. 机械试验是检验电子产品内部元器件对振动、冲击、离心加速度、碰撞、摇摆、静力负荷和爆炸等机械力作用的抵抗能力。机械试验包括振动试验、冲击试验、离心加速度试验等项目。

b. 气候试验是用来检查产品在设计、工艺、结构上所采取的防止或减弱恶劣环境气候条件对原材料、元器件和整机参数影响的措施。气候试验包括高温试验、低温试验、温度循环试验、潮湿试验和低气压试验等项目。

c. 运输试验是检验产品对包装、储存、运输环境条件的适应能力。它可在运输试验台上进行，也可直接以行车试验作为运输试验。通过运输试验后测试产品的主要技术指标是否符合整机技术条件。

d. 特殊试验是检查产品适应特殊工作环境的能力，包括烟雾试验、防尘试验、抗霉菌试验和抗辐射试验等。特殊试验是只对一些在特殊环境条件下使用的产品或按用户的特殊要求而进行的试验。

②寿命试验。寿命试验是考察产品寿命规律性的试验，是产品最后阶段的试验，是在规定条件下，模拟产品实际工作状态和储存状态，投入一定样品进行的试验。试验中要记录样品失效的时间，并对这些失效时间进行统计分析，以评估产品的可靠性、失效率和平均寿命等参数。寿命试验分为工作寿命试验和储存寿命试验两种。因储存寿命试验时间太长，故通常采用工作寿命试验，即功率老化试验。

拓展知识
电子产品故障检测方法

素养养成

（1）在进行电子产品调试时，先进行静态调试再进行动态调试，要仔细认真地进行反复调整测试，不能抱着大概差不多的心态，而是要严格按照指标要求调试，要有干事认真，精益求精的工匠精神。

（2）在进行电子产品整机质检时，知道质检岗位的重要性，要有责任意识和担当精神。

 任务实现 //

1.任务分组

任务工作单

组号: _____ 姓名: _____ 学号: _____ 检索号: 6131-1			

班级		组号		指导教师	
组长		学号			
组员	序号	姓名		学号	
	1				
	2				
	3				
	4				
	5				
任务分工					

2.自主探学

任务工作单 1

组号: _____ 姓名: _____ 学号: _____ 检索号: 6132-1

引导问题:

(1)电子产品整机调试的内容有哪些?

_____

(2)电子产品整机调试有哪些步骤?

_____

(3)电子产品整机调试的方法有哪些?

_____

(4)电子产品整机质检的项目有哪几个?

_____

(5)电子产品专职检验的内容?

_____

任务工作单 2

组号：_____ 姓名：_____ 学号：_____ 检索号：6132-2

引导问题：

（1）静态调试都调式哪些参数？

_____

_____

（2）动态调试都调试哪些参数？

_____

_____

（3）电子产品专职检验的方法如何确定？

_____

_____

_____

（4）编制调幅收音机调试检验的实施方案。

序号	操作要素	操作要领

3.合作研学

组号：_____ 姓名：_____ 学号：_____ 检索号：____6133-1____

引导问题：

（1）小组交流讨论，教师参与，形成正确的调幅收音机调试检验的实施方案。

序号	操作要素	操作要领

（2）记录自己存在的不足。

_____

4.展示赏学

组号：_____ 姓名：_____ 学号：_____ 检索号：____6134-1____

引导问题：

（1）每小组推荐一位小组长，汇报调幅收音机调试检验的实施方案，借鉴每组经验，进一步优化方案。

序号	操作要素	操作要领

（2）检讨自己的不足。

_____

5.任务实施

任务工作单

组号：_____ 姓名：_____ 学号：_____ 检索号：_____ 6135-1

引导问题：

（1）按照调幅收音机调试检验的实施方案，对收音机进行调试检验，并记录实施过程。

案例详解
调幅收音机调试检验实施
步骤

操作要素	操作要领	备注

（2）对比分析调幅收音机调试检验实施步骤，并记录分析过程。

操作要领	实际操作	是否有问题	原因分析

6.任务评价

（1）个人自评。

（2）小组内互评。

（3）小组间互评。

（4）教师评价。

评价反馈
子任务 6.1.3 评价表

任务6.2　电子产品工艺文件成套与质量管理

● 子任务6.2.1　电子产品工艺文件识读与编制

任务描述 //

　　工艺文件是电子产品加工过程中必须遵照执行的指导性文件，是把设计目标转换成生产过程的操作控制文件，在生产中有极其重要的指导作用。从事电子制造行业的技术人员首先必须能够读懂工艺文件，然后才能够写出符合规范的设计文件和工艺文件。本任务的目的是通过识读电子产品的技术文件和编制工艺文件的工作任务，熟悉电子产品工艺文件的种类、特点和成套性要求，掌握电子产品生产工艺流程设计和工艺文件编制的原则及方法，能够编制简单的电子产品生产工艺流程和工艺文件。

学习目标 //

知识目标
（1）熟悉电子工艺文件的种类、格式与成套性。
（2）掌握电子工艺文件的识读及编制方法。

能力目标
（1）能够正确识读电子产品设计文件及工艺文件。
（2）能够编制简单的电子产品工艺文件。

素养目标
（1）没有规矩，不成方圆。养成按照工艺文件的要求进行操作的职业规范。
（2）提高遵守职业规范的职业素养。

重点与难点 //

　　重点：工艺文件的成套性。
　　难点：工艺文件的编制。

1.电子工艺文件的认识

1）工艺文件概述

工艺文件是企业组织生产、指导操作和进行工艺管理的各种技术文件的统称。具体来讲，工艺文件就是按照一定的条件选择产品最合理的工艺过程（即生产过程），将实现这个工艺过程的程序、内容、方法、工具、设备、材料以及各个环节应该遵守的技术规程，用文字、图表形式表示出来的文件。工艺文件主要是如何在过程中实现最终产品的操作文件。应用于生产的文件叫作生产工艺文件，有的称为标准作业流程，也有的称为作业指导书。

2）整套工艺文件

整套工艺文件应当包括工艺目录、工艺文件变更记录表、工艺流程图和工位／工序工艺卡片。工艺目录，指整套文件的目录，需要标明当前各文件的有效版本，这个很重要。变更记录，通常是在文件内容变更后，进行变更流程的记录，变更的主要内容有变更的内容页名称、变更的依据文件编号以及变更前和变更后的版本。流程图就是指特定的内在逻辑先后顺序关系，必要时应提供这些流程中的操作者及对操作的素质要求。需要几个人力，每一个工序要花多少时间，操作要点是什么，要达到什么样的标准，用什么特殊工具，都是以流程图为基础展开的。工位／工序工艺卡片，就是具体到每一个环节需要完成的任务，通常为操作者使用，同时要写明本工位（或工序）名称，前工位（或工序）名称，后工位（或工序）名称，用什么材料，用什么工具，操作中要注意哪些事项，执行要达到什么标准，主要内容是操作步骤顺序和方法。

3）电子产品的工艺文件

工艺图和工艺文件是指导操作者生产、加工、操作的依据。对照工艺图，操作者应该能够知道产品是什么样子，怎样把产品做出来，但不需要对它的工作原理过多关注。工艺文件一般包括生产线布局图、产品工艺流程图、实物装配图和印制电路板装配图等。

4）工艺文件的作用

工艺文件的主要作用如下。

（1）组织生产，建立生产秩序。

（2）指导技术，保证产品质量。

（3）编制生产计划，考核工时定额。

（4）调整劳动组织。

（5）安排物资供应。

（6）工具、工装和模具管理。

（7）经济核算的依据。

（8）执行工艺纪律的依据。

（9）历史档案资料。

（10）产品转厂生产时的交换资料。

（11）各企业之间进行经验交流。

对于组织机构健全的电子产品制造企业来说，上述工艺文件还可以作为各部门职员工作的依据，为生产部门提供规定的流程和工序，便于有序地组织产品生产。产品研发部门按照文件要求组织工艺纪律的管理和员工的管理；提出各工序和岗位的技术要求和操作方法，保证生产出符合质量要求的产品。质量管理部门检查各工序和岗位的技术要求和操作方法，监督生产符合质量要求的产品。生产计划部门、物料供应部门和财务部门核算确定工时定额和材料定额，控制产品的制造成本。资料档案管理部门对工艺文件进行严格的授权管理，记载工艺文件的更新历程，确认生产过程使用有效的文件。

5）电子产品工艺文件的分类

根据电子产品的特点，工艺文件主要包括产品工艺流程、岗位作业指导书、通用工艺文件和管理性工艺文件四大类。工艺流程是组织产品生产必需的工艺文件。岗位作业指导书和操作指南是参与生产的每个员工、每个岗位都必须遵照执行的。通用工艺文件如设备操作规程、焊接工艺要求等，力求适用于多个工位和工序。管理性工艺文件包括现场工艺纪律、防静电管理办法等内容。

（1）基本工艺文件。

基本工艺文件是供企业组织生产、进行生产技术准备工作的最基本的技术文件，它规定了产品的生产条件、工艺路线、工艺流程、工具设备、调试及检验仪器、工艺装备和工时定额。一切在生产过程中进行组织管理所需要的资料，都要能从中取得有关的数据。基本工艺文件应包括零件工艺过程和装配工艺过程。

（2）指导技术的工艺文件。

指导技术的工艺文件是不同专业工艺的经验总结，或者是通过试生产实践编写出来的用于指导技术和保证产品质量的技术条件，主要包括①专业工艺规程；②工艺说明及简图；③检验说明（方式、步骤和程序等）。

（3）统计汇编资料。

统计汇编资料是为企业管理部门提供的各种明细表，作为管理部门规划生产组织、编制生产计划、安排物资供应，进行经济核算的技术依据，主要包括①专用工装；②标准工具；③工时消耗定额。

6）工艺文件的成套性

电子产品工艺文件的编制不是随意的，应该根据产品的生产性质、生产类型，产品的复杂程度、重要程度及生产的组织形式等具体情况，按照一定的规范和格式编制配套文件，即应该保证工艺文件的成套性。电子行业标准 SJ/T10324 对工艺文件的成套性提出了明确的要求，分别规定了产品在设计定型、生产定型、样机试制或一次性生产时的工艺文件成套性标准；电子产品大批量生产时，工艺文件就是指导企业加工、装配、生产路线、计划、调度、原材料准备、劳动组织、质量管理、工模具管理和经济核算等工作的主要技术依据，所以工艺文件的成套性在产品生产定型时尤其应该加以重点审核。通常整机类电子产品在生产定型时至少应具备以下几种工艺文件。

①工艺文件封面。

②工艺文件明细表。

③装配工艺过程卡片。

④自制工艺装备明细表。

⑤材料消耗工艺定额明细表。

⑥材料消耗工艺定额汇总表。

电子产品工艺文件是企业工艺部门根据电子产品的设计，结合本企业的实际情况编制而成的，是实现产品加工、装配和检验的技术依据，也是生产管理的主要依据。只有每一道工序生产都按照工艺文件的要求去做，才能生产出合格的产品。

工艺文件是带强制性的纪律性文件，不允许用口头的形式来表达，必须采用规范的书面形式。而且任何人不得随意修改，违反工艺文件属违纪行为。工艺部门编制的工艺计划、工艺标准、工艺方案和质量控制规程也属于工艺文件的范畴。

2.工艺文件格式

1）工艺文件格式的标准化

标准化是企业制造产品的法规，是确保产品质量的前提，是实现科学管理、提高经济效益的基础，是信息传递、联合交流的纽带，是产品进入国际市场的重要保证。

我国电子制造企业依照的标准分为三级：国家标准、专业标准和企业标准。

国家标准是由国家标准化机构制定、全国统一的标准，主要包括：重要的安全和环境保护标准；有关互换、配合和通用技术语言等方面的重要基础标准；通用的试验和检验方法标准；基本原材料标准；重要的工农业产品标准；通用零件、部件、元件、器件、构件、配件和工具、量具的标准；被采纳的国际标准。

专业标准也称行业标准。行业标准是由专业化标准机构或标准化组织（国务院主管部门）批准、发布，在全国各行业范围内执行的统一标准。专业标准不得与国家标准相抵触。

企业标准是由企业或其上级有关机构批准、发布的标准。企业正式批量生产的一切产品，假如没有国家标准、专业标准，则必须制定企业标准。为提高产品的性能和质量，企业标准的指标一般都高于国家标准和专业标准。

工艺文件格式的统一对加强工艺管理很有意义。在统一过程中，要对原有的文件格式进行整顿，一方面将那些不适用或多余的内容淘汰，使工艺文件简化，另一方面可以补充必要的内容，使必备的项目不致遗漏。经过统一后的格式是经优化的格式，有利于提高工作效率和质量，便于贯彻执行，同时也为逐步实现企业管理现代化打下基础。

2）工艺文件格式要求

（1）工艺文件要有一定的格式和幅面，图幅大小应符合有关标准，并保证工艺文件的成套性。标准 SJ/T10320-92 规定工艺文件格式如下。

①工艺文件所用的图纸幅面及格式、字体和尺寸注法，应分别符合 GB 4457.1、GB 4457.3 和 GB 4458.4 中的规定。

②工艺文件格式种类及代号如图 6-10 所示。

视频链接
工艺文件格式

图6-10　工艺文件格式种类及代号示意

模式代号：S—竖式，H—横式。

格式名称代号见表 6-1。对一个企业只允许采用一种模式的工艺文件。

标准未规定的其他工艺文件格式，各部门、各企业可根据需要自定。但表头、标题栏、登记栏及有关尺寸仍按本标准规定设计。

表6-1　工艺文件格式代号

序号	文件格式名称	竖式格式 代号	竖式格式 幅面	横式格式 代号	横式格式 幅面	序号	文件格式名称	竖式格式 代号	竖式格式 幅面	横式格式 代号	横式格式 幅面
1	工艺文件（封面）	GS1	A4	GH1	A4	11	涂料涂覆工艺卡片	GS10	A4		A4
2	工艺文件明细表	GS2	A4	GH2	A4	12	工艺卡片	GS11	A4		A4
3	工艺流程图 I	GS3	A4	GH3	A4	13	元器件引出端成形工艺表	GS12	A4		A4
4	工艺流程图 II	GS4	A4	GH4	A4	14	绕线工艺卡片	GS13	A4		A4
5	加工工艺过程卡片	GS5	A4	GH5	A4	15	导线及线扎加工卡片	GS14	A4		A4
6	加工工艺过程卡片（续）	GS5a	A4	GH5a	A4	16	贴插编带程序表	GS15	A4		A4
7	塑料工艺过程卡片	GS6	A4	GH6	A4	17	装配工艺过程卡片	GS16	A4		A4
8	陶瓷、金属压铸、硬模铸造工艺过程卡片	GS7	A4	GH7	A4	18	装配工艺过程卡片（续）	GS16a	A4	GH16a	A4
9	热处理工艺卡片	GS8	A4	GH8	A4	19	工艺说明	GS17	A4	GH17	A4
10	电镀及化学涂覆工艺卡片	GS9	A4		A4	20	检验卡片	GS18	A4	GH18	A4

续表

序号	文件格式名称	竖式格式		横式格式		序号	文件格式名称	竖式格式		横式格式	
		代号	幅面	代号	幅面			代号	幅面	代号	幅面
21	外协件明细表	GS19	A4	GH19	A4	28	工时、设备台时工艺定额明细表	GS26	A4	GH26	A4
22	配套明细表	GS20	A4	GH20	A4	29	工时、设备台时工艺定额汇总表	GS27	A4	GH27	A4
23	自制工艺装备明细表	GS21	A4	GH21	A4	30	明细表	GS28	A4	GH28	A4
24	外购工艺装备明细表	GS22	A4	GH22	A4	31	工序控制点明细表	GS29	A3	GH29	A4
25	材料消耗工艺定额明细表	GS23	A4	GH23	A4	32	工序质量分析表	GS30	A3	GH30	A4
26	材料消耗工艺定额汇总表	GS24	A4	GH24	A4	33	工序控制点操作指导卡片	GS31	A3	GH31	A4
27	能源消耗工艺定额明细表	GS25	A4	GH25	A4	34	工序控制点检验指导卡片	GS32	A3	GH32	A4

注：企业根据需要可以采用其他幅面格式，但幅面格式必须符合 GB 4457.1 的有关规定。

（2）文件中的字体要规范，图形要正确，书写应清楚。

（3）工艺文件中使用的产品名称、编号、图号、符号、材料和元器件代号等应与设计文件保持一致。

（4）工艺文件中应列出工序所需仪器、设备、使用物料、工序作业图和操作步骤及要求。

（5）工艺文件应执行审核、会签、标准化、批准等手续。

3）工艺文件的编号及简号

工艺文件的编号是指工艺文件的代号，简称"文件代号"。它由三个部分组成：企业的区分代号、该工艺文件的编制对象（设计文件）的十进制分类编号和检验规范的工艺文件简号。必要时工艺文件简号可加区分号予以说明，如图 6-11 所示。

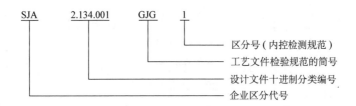

SJA 2.134.001 GJG 1

区分号（内控检测规范）
工艺文件检验规范的简号
设计文件十进制分类编号
企业区分代号

图6-11 工艺文件的编号示例

（1）第一部分是企业的区分代号，由大写的汉语拼音字母组成，用以区分编制文件的单位。例如，图 6-11 中的"SJA"是"上海电子计算机厂"的代号。

（2）第二部分是设计文件的十进制分类编号。

（3）第三部分是检验规范的工艺文件简号，由大写的汉语拼音字母组成，用以区分编制同一种产品的不同种类的工艺文件，如图 6-11 中的"GJG"即检验规范的工艺文件简号。常见的工艺文件简号规定见表 6-2。

表6-2　工艺文件的简号规定

序号	工艺文件名称	简号	字母含义	序号	工艺文件名称	简号	字母含义
1	工艺文件目录	GML	工目录	9	塑料压制件工艺卡	GSK	工塑卡
2	工艺路线表	GLB	工路表	10	电镀及化学镀工艺卡	GDK	工镀卡
3	工艺过程卡	GGK	工过卡	11	电化涂覆工艺卡	GTK	工涂卡
4	元器件工艺表	GYB	工元表	12	热处理工艺卡	GRK	工热卡
5	导线及线扎加工表	GZB	工扎表	13	包装工艺卡	GBZ	工包装
6	各类明细表	GMB	工明表	14	调试工艺	GTS	工调试
7	装配工艺过程卡	GZP	工装配	15	检验规范	GJG	工检规
8	工艺说明及简图	GSM	工说明	16	测试工艺	GCS	工测试

（4）区分号。当同一简号的工艺文件有两种或两种以上时，可用标注脚号（数字）的方法区分不同份数的工艺文件。表 6-3 所列的内容为各类工艺文件用的明细表。

对于填有相同工艺文件名称及简号的各张工艺文件，不管其使用何种格式，都应认为属于同一份独立的工艺文件，应包括它们一起计算页数。

表6-3　工艺文件用各类明细表

序号	工艺文件各类明细表	简号
1	材料消耗工艺定额汇总表	GMB1
2	工艺装备综合明细表	GMB2
3	关键件明细表	GMB3
4	外协件明细表	GMB4
5	材料工艺消耗定额综合明细表	GMB5
6	配套明细表	GMB6
7	热处理明细表	GMB7
8	涂覆明细表	GMB8
9	工位器具明细表	GMB9
10	工量器具明细表	GMB10
11	仪器仪表明细表	GMB11

4）设计文件的十进制分类编号

十进制分类编号是苏联图纸资料的编号方法，新中国成立后至目前，工业和信息化部就是采用此种方法。它是将任何技术文件的图样和设计图（产品标准和通用文件除外），按其产品的种类、功能、用途、结构和材料等技术特征分为 10 级（0~9 级），每级又分为 10 类（0~9 类），每类又分为 10 型（0~9 型），每型又分为 10 种（0~9 种）。它主要由级、类、型、种来进行分类编号。十进制分类编号由企业区分代号、十进制分类特征标记、登记顺序号和文件简号组成，图 6-12 所示的编号为某公司生产的某种通信电源设备的设备明细表的十进制分类编号示意。

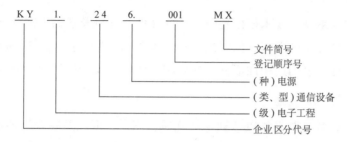

图6-12 十进制分类编号示意

（1）企业区分代号一般由 2 位汉语拼音字母组成，由企业的上级主管部门给定。本企业标准产品的文件，在企业区分代号前要加"Q/"。

（2）上述"级"的分配是文件以 0 表示；成套设备以 1 表示（如通信电源设备、电力工程电源设备等）；整件以 2，3，4 表示（如电源模块、监控器模块、交流配电单元和 UPS 电源等）；部件以 5，6 表示；零件以 7，8 表示；备用以 9 表示。

（3）文件简号以该文件的汉语拼音第一个字母来组合。例如：BZ——标准件汇总表；WG——外购件汇总表；MX——各种明细表；AZ——安装图；ST——技术条件；JS——技术说明书；SY——使用说明书；TS—调试说明书；JZ——技术总结；LS——例行试验报告；BS——标准化审查报告；SR——设计任务书；DL——电路原理图；JL——接线图；LL——线缆连接图。

十进制分类编号的最大优点是便于实行通用件、标准件，可对产品图纸进行抽图，即相同功能的零件，采用借用、沿用，不再画图，从而大大缩短了设计、生产加工时间，提高了劳动生产率。它的缺点是编号比较复杂，设计人员必须了解十进制分类编号方法，图纸管理要按此编号方法进行，同一种整机的图纸需要按文件汇总表予以抽图。设计文件草图完成后统一交给标准化人员予以编号后出正式图纸。

3.工艺文件内容

根据电子产品的特点，工艺文件通常分为工艺管理文件和工艺规程文件两大类。

1）工艺管理文件

工艺管理文件是企业组织生产、进行生产技术准备工作的文件。它规定了产品的生产条件、工艺路线、工艺流程、工具设备、调试及检验仪器、工艺装置、材料消耗定额和工时消耗定额。

视频链接
工艺文件内容格式

2）工艺规程文件

工艺规程文件是规定产品制造过程和操作方法的技术文件。它主要包括零件加工工艺、元件装配工艺、导线加工工艺、调试及检验工艺。

4.工艺文件编制

1）编制的依据

（1）工艺文件编制的技术依据是全套设计文件、样机及各种工艺标准。

（2）工艺文件编制的工作量依据是计划日（月）产量及标准工时定额。

（3）工艺文件编制的适用性依据是现有的生产条件及经过努力可能达到的条件。

2）编制应掌握的原则

（1）工艺文件的编制必须以达到生产优质、高产、低耗及安全为基本出发点，需要对产品生产及检验的程序、内容、方法、要求及安全等事项做出明确具体的规定。

（2）既要具有经济上的合理性和技术上的先进性，又要考虑企业的实际情况，应具有适用性，即工艺文件编制的格式和内容必须适应生产的特点，取舍恰当，侧重适宜，同时力求文件内容简明扼要、准确合理、通俗易懂、条理清楚、用词规范严谨。并尽量采用视图加以表达。要做到不用口头解释，根据工艺规程，就可正常进行一切工艺活动。

（3）应能保证达到产品设计文件所规定的技术要求，内容必须与设计文件保持协调一致，尽量体现设计的意图，最大限度地保证设计质量的实现，并符合有关专业技术标准。

（4）要体现质量第一的思想，对质量的关键部位及薄弱环节应重点加以说明，并有预防措施。一般技术指标应前紧后松，有定量要求，无法定量要以封样为准。

（5）尽量提高工艺规程的通用性，对一些通用的工艺要求应上升为通用工艺。

（6）表达形式应具有较大的灵活性及适用性，做到当产量发生变化时，文件需要重新编制的比例压缩到最低程度。

（7）工艺文件的编制必须完整，满足成套性要求。成套性应视产品特点确定，一般可分整机和元器件两种类型。

（8）计量单位要采用法定计量单位。

（9）引用的标准应是现行有效的。

（10）工艺文件的编制还必须进行严格的审批手续，文件一经批准就成为组织生产的基本依据和指导操作的法规，不得随意更改。

3）工艺文件的编制方法

（1）要仔细分析设计文件的技术条件、技术说明、原理图、安装图、接线图、线扎图及有关零、部件图等。将这些图中所标示的零、部件的安装关系与焊接要求仔细弄清楚。

（2）根据实际情况，确定生产方案，明确工艺流程和工艺路线。

（3）编制准备工序的工艺文件，如各种导线的加工、元器件的引线成型、浸锡、各种组合件的装接和印标记等。凡不适合直接在流水线上装配的元器件，可安排到准备工序里去做。

（4）编制总装流水线工序的工艺文件。先确定每个工序所需工时，然后确定需要用几个工序。要仔细考虑流水线各工序的平衡性，安排要顺手，尽可能不要上下翻动机器，正反面都装接。安装与焊接要分开，以简化人工操作。使用的装接工具和材料种类尽可能少，以减少辅助工序时间。

难点讲解
工艺文件编制

4）工艺文件的签署规定

工艺文件的签署栏供有关责任者签署使用，归档产品文件签署栏的签署者负相应的责任。签署栏主要内容包括拟制、审核、标准化审查和批准。

（1）签署者的责任。

①拟制签署者的责任：拟制签署者应对所编制的工艺文件的正确性、合理性、完整性和安全性等负责。

②审核签署者的责任：审核签署者应对编制依据的正确性、工艺方案的合理性和专用工艺装备选用的必要性是否符合工艺方案的原则；操作的安全性、工艺文件的完整性，是否贯彻了标准和有关规定等负责。

③批准签署者的责任：批准签署者应对工艺文件的内容负责，如工艺方案的选择是否能产出质量稳定可靠的产品；工艺文件的完整性、正确性、合理性及协调性；质量控制的可靠性、安全、环境保护是否符合现行的规定；工艺文件是否贯彻了现行标准和有关规章制度等。

④标准化签署者的责任：标准化签署者对工艺文件是否贯彻了标准化现行资料标准和有关规章制度；工艺文件的完整性和签署是否符合工艺文件规定；工艺文件采用的材料、工具是否符合现行的标准等方面负责。

拓展知识
常用电子工艺文件表格

（2）签署的要求。

签署人应在规定的签署栏中签署，签署人员应严肃认真，按签署的技术责任履行职责，不允许代签或冒名签署。

素养养成

（1）在进行工艺文件的格式学习时，明白"没有规矩不成方圆"，一定要按照国家、行业、企业标准进行工艺文件的编制，养成按照工艺文件的标准要求进行编制工艺文件的职业习惯。

（2）在进行工艺文件的签署规定学习时，清楚签署人员应严肃认真，按签署的技术责任履行职责，不允许代签或冒名签署，遵守职业操守，要有认真负责敢于担当的精神。

 任务实现 //

1.任务分组

任务工作单

组号：_____ 姓名：_____ 学号：_____ 检索号： 6211-1

班级		组号		指导教师	
组长		学号			
组员	序号	姓名		学号	
	1				
	2				
	3				
	4				
	5				
任务分工					

2.自主探学

任务工作单 1

组号：_____ 姓名：_____ 学号：_____ 检索号： 6212-1

引导问题：

（1）什么是工艺文件?

_____

（2）整套工艺文件应当包括哪些文件?

_____

（3）工艺文件的作用有哪些?

_____

（4）电子产品工艺文件分为哪几类?

_____

（5）整机类电子产品在生产定型时至少应具备哪几种工艺文件?

_____

任务工作单 2

组号：_____ 姓名：_____ 学号：_____ 检索号：____6212-2____

引导问题：

（1）工艺文件目录、工艺路线表、工艺过程卡、元器件工艺表、导线及线扎加工表、各类明细表、装配工艺过程卡、工艺说明及简图和工艺文件的简号分别是什么？

_____

_____

（2）工艺文件内容包括哪两大类？

_____

_____

（3）工艺文件编制的依据有哪些？

_____

_____

（4）编制插件工艺流程和工艺文件实施方案。

序号	编制要素	编制要领

3.合作研学

任务工作单

组号：_____ 姓名：_____ 学号：_____ 检索号：___6213-1___

引导问题：

（1）小组交流讨论，教师参与，形成正确的编制插件工艺流程和工艺文件实施方案。

编制要素	编制要领	备注

（2）记录自己存在的不足。

_____

4.展示赏学

任务工作单

组号：_____ 姓名：_____ 学号：_____ 检索号：___6214-1___

引导问题：

（1）每小组推荐一位小组长，汇报编制插件工艺流程和工艺文件实施方案，借鉴每组经验，进一步优化方案。

序号	编制要素	编制要领

（2）检讨自己的不足。

_____

5.任务实施

任务工作单

组号：_____ 姓名：_____ 学号：_____ 检索号：____6215-1____

引导问题：

（1）按照编制插件工艺流程和工艺文件实施方案，对插件工艺流程和工艺文件进行编制，并记录编制过程。

案例详解
编制插件工艺流程和工艺
文件

编制要素	编制要领	备注

（2）对比分析工艺流程和工艺文件的编制，并记录分析过程。

编制要领	实际编制	是否有问题	原因分析

6.任务评价

（1）个人自评。

（2）小组内互评。

（3）小组间互评。

（4）教师评价。

评价反馈
子任务 6.2.1 评价表

子任务6.2.2　电子产品质量管理与认证

任务描述

产品的生产过程是一个质量管理的过程。产品生产过程包括设计阶段、试制阶段和制造阶段。如果在产品生产的某一个阶段有质量问题，那么该产品最终的成品一定也存在质量问题。由于一个电子产品是由许多元器件、零部件经过多道工序制造而成，因此全面的质量管理工作显得尤为重要。

学习目标

知识目标
（1）清楚质量管理的概念和意义。
（2）掌握电子产品生产过程的质量管理。

能力目标
（1）能够对电子产品生产组织与生产质量管理有清晰的认识。
（2）能够应用质量管理体系完成产品质量控制管理。

素养目标
（1）树立强烈的质量意识。
（2）增强国家荣誉感和自豪感，激发报国热情。

重点与难点

重点：电子产品生产质量管理体系。
难点：电子产品质量认证过程。

知识准备

1.电子产品生产质量管理

产品质量是衡量产品适用性的一种度量，它包括产品的性能、寿命、可靠性、安全性、经济性等方面的内容。产品质量的优劣决定了产品的销路和企业的命运。

质量管理是指在质量方面指挥和控制组织的协调的活动。生产组织可以通过建立质量管理体系来实施质量管理。

为了向用户提供满意的产品和服务，提高电子企业和产品的竞争能力，世界各国都在积极推行全面质量管理。全面质量管理涉及产品的品质质量、制造产品的工序质量和工作质量以及影响产品的各种直接或间接的质量工作。全面质量管理贯穿产品从设计到售后服务的整个过程，要动员企业的全体员工参加。

1）产品设计阶段的质量管理

要设计出具有高性价比的产品，必须从源头上把好质量关。设计阶段的任务是通过调研，确定设计任务书，选择最佳设计方案，根据批准的设计任务书，进行产品全面设计，编制产品设计文件和必要的工艺文件。本阶段与质量管理有关的内容主要有以下几个方面。

（1）对新产品设计进行调研和用户访问。

（2）拟定研究方案，提出专题研究课题，明确主要技术要求，编制设计任务书草案。

（3）根据设计任务书草案进行试验，找出关键技术问题，解决技术难点，初步确定设计方案。

（4）下达设计任务书，确定研制产品的目的、要求及主要技术性能指标。

（5）按照适用、可靠、用户满意、经济合理的质量标准进行技术设计和样机制造。

（6）进行相关文件编制。

2）试制阶段的质量管理

试制过程包括产品设计定型、小批量生产两个过程。该阶段主要工作是要对研制出的样机进行使用现场的试验和鉴定，对产品的主要性能和工艺质量做出全面的评价，进行产品定型；补充完善工艺文件，进行小批量生产，全面考验设计文件和技术文件的正确性，进一步稳定和改进工艺。本阶段与质量管理内容有关的主要有以下几个方面。

（1）现场试验检查产品是否符合设计任务书规定的主要性能指标和要求，通过试验编写技术说明书，并修改产品设计文件。

（2）对产品进行装配、调试、检验及各项试验工作，做好原始记录，统计分析各种技术定额，进行产品成本核算，召开设计定型会，对样机试生产提出结论性意见。

（3）调整工艺装置，补充设计制造批量生产所需的工艺装置、专用设备及其设计图纸。进行工艺质量的评审，补充完善工艺文件，形成对各项工艺文件的审查结论。

（4）在小批量试制中，认真进行工艺验证。通过试生产，分析生产过程的质量，验证电装、工装、设备、工艺操作规程、产品结构、原材料和生产环境等方面的工作，考查其能否达到预定的设计质量标准，如达不到标准要求，则需进一步调整与完善生产工艺。

（5）制定产品技术标准、技术文件，取得产品监督检查机构的鉴定合格证书，完善产品质量检测手段。

（6）编制和完善成套工艺文件，制定批量生产的工艺方案，进行工艺标准化和工艺质量审查，形成工艺文件成套性审查结论。

（7）按照生产定型条件，企业产品鉴定，召开生产定型会，审查其各项技术指标

（标准）是否符合国际或国家的规定，不断提高产品的标准化、系列化和通用程度，得出结论性意见。

（8）培训人员，指导批量生产，确定批量生产时的流水线，拟定正式生产时的工时及材料消耗定额，计算产品生产劳动量及成本。

3）电子产品制造过程的质量管理

制造过程是指产品大批量生产过程，这一过程的质量管理内容有以下几方面。

（1）按工艺文件在各工序、各工种和制造中的各个环节设置质量监控点，严把质量关。

（2）严格执行各项质量控制工艺要求，做到不合格的原材料不上机，不合格的零、部件不转到下道工序，不合格的整机产品不出厂。

（3）定期计量检定，维修保养各类测量工具、仪器仪表，保证规定的精度标准。生产线上尽量使用自动化设备，尽可能避免手工操作。有的生产线上还要有防静电设备，确保零、部件不被损坏。

（4）加强员工的质量意识培养，提高员工对质量要求的自觉性。必须根据需要对各岗位上的员工进行培训与考核，考核合格后才能上岗。

（5）加强其他生产辅助部门的管理。

2.ISO9000系列质量标准简介

知识链接
ISO9000 系列质量标准
简介

ISO9000 系列质量标准是被全球认可的质量管理体系标准之一，它是国际标准化组织（ISO）于 1987 年制定后经不断修改完善而成的系列质量管理和质量保证标准。现已有 90 多个国家和地区将此标准等同转化为国家标准。ISO9000 系列标准自 1987 年发布以来，经历了几次修改，现今已形成了 ISO9001:2000 系列标准。我国等同采用 ISO9000 系列标准的国家标准是 GB/T19000 族标准。

ISO9000 系列标准的推行，与我国实行现代企业制度改革具有十分强烈的相关性。两者都是从制度上、体制上和管理上入手改革，不同点在于前者处理企业的微观环境，后者侧重于处理企业的宏观环境。由此可见，ISO9000 系列标准非常适合我国国情，目前很多企业都致力于 ISO9000 质量管理。

3.电子产品的认证

1）认证的概念

按照认证活动的对象，认证可以分为体系认证和产品认证。体系认证是对企业管理体系的一种规范管理活动的认证。电子产品制造业普遍采用的体系认证有质量管理体系（ISO9000）、环境管理体系（ISO14000）和职业健康安全管理体系（OHSAS18000）等。产品认证是为确认不同产品及其标准规定符合性的活动，是对产品进行质量评价检查、监督和管理的一种有效方法，通常也作为一种产品进入市场的准入手段，被许多国家采用。产品认证分为强制性认证（如我国的 3C 认证、欧盟的 CE 认证）和自愿性认证（如美国的 UL 认证、我国的 CQC 认证）。世界各国一般是根据本国的经济技术水平和社会发展的程度来决定认证需求，整体经济技术水平越高的国家，对认证的需求就越强烈。从事认证活动的机构一般都要经过所在国家（或地区）的认可或政府的授权，我国的 3C 强制性认证，就是由国务院授权，国家认证认可监督管理委员会（CNCA）负责建立、管理和组织实施的认证制度。

2）中国强制认证（3C）

（1）中国强制认证（china compulsory certification，3C）。

3C 是中国强制认证的简称，由 3 个 "C" 组成的图案也是强制性产品认证的标志，如图 6-13 所示。凡涉及人类健康和安全、动植物生命和健康、环境保护与公共安全的部分产品，由国家认证认可监督管理委员会统一以目录的形式发布，同时确定统一的技术法规、标准和合格评定程序、产品标志及收费标准。

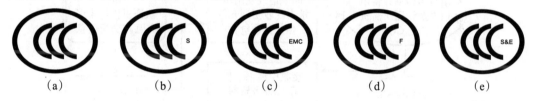

（a）　　　　　　（b）　　　　　　（c）　　　　　　（d）　　　　　　（e）

图6-13　3C认证标志

（a）一般认证标志；（b）安全认证标志；（c）电磁兼容类认证标志；
（d）消防认证标志；（e）安全与电磁兼容认证标志

（2）3C 认证的背景。

在 2002 年 5 月 1 日以前的十几年里，我国曾存在进出口检验和质量检验两套强制性产品认证管理体系。"CCIB"（产品安全认证）用来专门认证进口产品（共发布 2 批目录 47 大类 139 种产品），"CCEE"（长城认证）用于认证在国内销售的产品（共发布 3 批目录 107 种产品）。这就会出现同一种进口产品需要两次认证、加贴两个标志、执行两种评定程序及两种收费标准的重复情况。

加入 WTO 后，为履行有关承诺，我国在产品认证认可管理方面实施"四个统一"，即统一目录、统一标准（技术法规、合格评定程序）、统一认证标志和统一收费。中国强制认证（3C 认证）应运而生，使强制性产品认证真正成为政府维护公共安全、维护消费者利益、打击伪劣产品和欺诈活动的工具。3C 也是一种产品准入制度，凡列入强制产品认证目录内的未获得强制认证证书或未按规定加贴认证标志的产品，一律不得出厂、进口、销售和在经营服务场所使用。

（3）3C 认证的管理。

我国由国务院授权、国家认证认可监督管理委员会负责强制性产品认证制度的建立、管理和组织实施。由政府的标准化部门负责制定技术法规，通过对产品本身及其制造环节的质量体系进行检查，评价产品是否符合技术法规及标准的要求，以确定产品是否可以生产、销售经营和使用。中国质量认证中心（CQC）成为第一个承担国家强制性产品认证工作的机构，接受并办理国内外企业的认证申请、实施认证并发放证书。获得 CQC 产品认证证书，加贴 CQC 产品认证标志，就意味着该产品被国家级认证机构认证为安全的、符合国家相应的质量标准。

（4）3C 认证的意义和作用。

强制性产品认证制度，是为维护广大消费者人身安全和财产安全、保护国家安全、保护动植物生命安全、保护环境，依照有关法律法规实施的一种对产品是否符合国家强制标准、技术规则的合格评定制度，有利于提高出口产品在国际上的可信度、提升产品在国际市场的地位以及消除全球范围内的贸易技术壁垒。

（5）3C 认证的流程。

3C 认证的工作流程如图 6-14 所示。

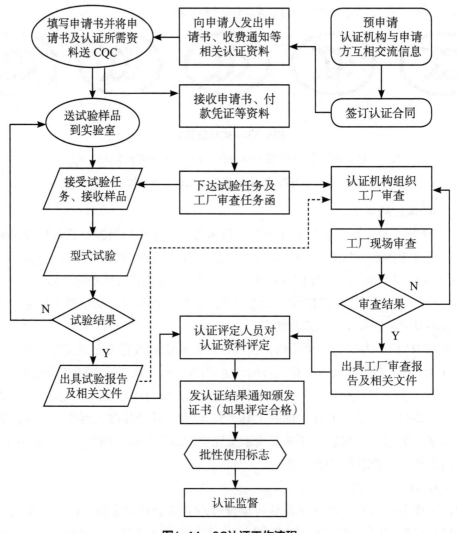

图6-14 3C认证工作流程

①申请人提出认证申请。申请人通过互联网或代理机构填写认证申请表。认证机构对申请资料评审，向申请人发出申请书和收费通知认证机构向检测机构下达测试任务，申请人将样品送交指定检测机构。

②产品型式试验。检测机构按照企业提交的产品标准及技术要求，对样品进行检测与试验；型式试验合格后，检测机构出具型式试验报告，提交认证机构评定。

③工厂质量保证能力检查。对初次申请3C认证的企业，认证机构向生产厂发出工厂检查通知，向认证机构工厂检查组下达工厂检查任务；检查人员要到生产企业进行现场检查、抽取样品测试，并对产品的一致性进行核查；工厂检查合格后，检查组出具工厂检查报告，存在的问题由生产厂整改，检查人员验证；检查组将工厂检查报告提交认证机构评定。

④批准认证证书和认证标志。认证机构对认证结果做出评定，签发认证证书，准许申请人购买并在产品上加贴认证标志。

⑤获证后监督。认证机构对获证生产工厂的监督每年不少于一次（部分产品生产工厂每半年一次）；认证机构对检查组递交的监督检查报告和检测机构递交的抽样检测试验报告进行评定，评定合格的企业继续保持证书。

拓展知识
国外产品认证

（1）在进行电子产品制造过程的质量管理学习中，要具有一丝不苟的质量意识，时刻牢记"质量就是生命"，要清楚质量就是电子产品的生命，强化质量意识。

（2）在进行中国强制认证（3C）的学习中，从中国制造到中国创造的事例中，增强国家荣誉感和自豪感，激发报国热情。

 任务实现 //

1.任务分组

任务工作单

组号：_____ 姓名：_____ 学号：_____ 检索号：___ 6221-1

班级		组号		指导教师	
组长		学号			
组员	序号	姓名		学号	
	1				
	2				
	3				
	4				
	5				
任务分工					

2.自主探学

任务工作单 1

组号：_____ 姓名：_____ 学号：_____ 检索号：___ 6222-1

引导问题：

（1）电子产品生产质量管理包括哪三个阶段的质量管理？

_____

（2）电子产品制造过程的质量管理都有哪些方面？

_____

（3）我国等同采用 ISO9000 系列标准的国家标准是什么？

_____

（4）现行 ISO9000 系列质量标准包括的核心标准有哪些？

_____

（5）ISO9000 认证步骤有哪些？

_____

任务工作单 2

组号：_____ 姓名：_____ 学号：_____ 检索号：____ 6222-2

引导问题：

（1）目前在电子产品制造业普遍采用的体系认证有哪几个？

_____

_____

（2）中国强制认证的简称是什么？承担国家强制性产品认证工作的机构是哪个机构？

_____

_____

（3）3C 认证的意义和作用是什么？

_____

_____

_____

（4）编制 3C 认证的流程方案。

序号	流程要素	流程要领

3.合作研学

任务工作单

组号：_____ 姓名：_____ 学号：_____ 检索号：__6223-1__

引导问题：

（1）小组交流讨论，教师参与，形成正确的编制 3C 认证的流程方案。

序号	流程要素	流程要领

（2）记录自己存在的不足。

_____

4.展示赏学

任务工作单

组号：_____ 姓名：_____ 学号：_____ 检索号：__6224-1__

引导问题：

（1）每小组推荐一位小组长，汇报 3C 认证的流程编制方案，借鉴每组经验，进一步优化方案。

序号	流程要素	流程要领

（2）检讨自己的不足。

_____

5.任务实施

组号：_____ 姓名：_____ 学号：_____ 检索号：___6225-1___

引导问题：

（1）按照编制 3C 认证的流程方案，对 3C 认证流程进行编制，并画出 3C 认证工作流程图。

案例详解
3C 认证工作流程图

流程要素	流程要领	备注

（2）对比分析 3C 认证的流程，并记录分析过程。

编制要领	实际编制	是否有问题	原因分析

6.任务评价

（1）个人自评。

（2）小组内互评。

（3）小组间互评。

（4）教师评价。

评价反馈
子任务 6.2.2 评价表

参考文献

[1] 李宗宝. 电子产品生产工艺 [M]. 北京：机械工业出版社，2011.

[2] 肖文平，王卫平. 电子产品制造工艺 [M]. 4 版. 北京：高等教育出版社，2021.

[3] 蔡建军. 电子产品工艺与标准化 [M]. 北京：北京理工大学出版社，2008.

[4] 王成安，狄金海. 电子产品工艺与实训 [M]. 2 版. 北京：机械工业出版社，2016.

[5] 张俭，刘勇. 电子产品生产工艺与调试 [M]. 北京：电子工业出版社，2016.

[6] 辜小兵. SMT 工艺 [M]. 北京：高等教育出版社，2012.

[7] 李宗宝. 电子产品工艺 [M]. 北京：北京理工大学出版社，2019.

[8] 刘红兵，赵巧妮. 电子产品的生产与检验 [M]. 2 版. 北京：高等教育出版社，2021.

[9] 牛百齐，周新虹，王芳. 电子产品工艺与质量管理 [M]. 2 版. 北京：机械工业出版社，2018.

[10] 徐中贵. 电子产品生产工艺与管理 [M]. 北京：北京大学出版社，2015.

[11] 李水，樊会灵. 电子产品工艺 [M]. 3 版. 北京：机械工业出版社，2022.

[12] 丁向荣. 电子产品生产工艺与检验 [M]. 北京：机械工业出版社，2015.

[13] 岑卫堂. 电子产品工艺、装配与检验 [M]. 北京：机械工业出版社，2013.

[14] 叶莎，冯常奇. 电子产品生产工艺与管理项目教程 [M]. 3 版. 北京：电子工业出版社，2021.

版权声明

根据《中华人民共和国著作权法》的有关规定，特发布如下声明：

1. 本出版物刊登的所有内容（包括但不限于文字、二维码、版式设计等），未经本出版物作者书面授权，任何单位和个人不得以任何形式或任何手段使用。

2. 本出版物在编写过程中引用了相关资料与网络资源，在此向原著作权人表示衷心的感谢！由于诸多因素没能一一联系到原作者，如涉及版权等问题，恳请相关权利人及时与我们联系，以便支付稿酬。（联系电话：010-60206144；邮箱：2033489814@qq.com）